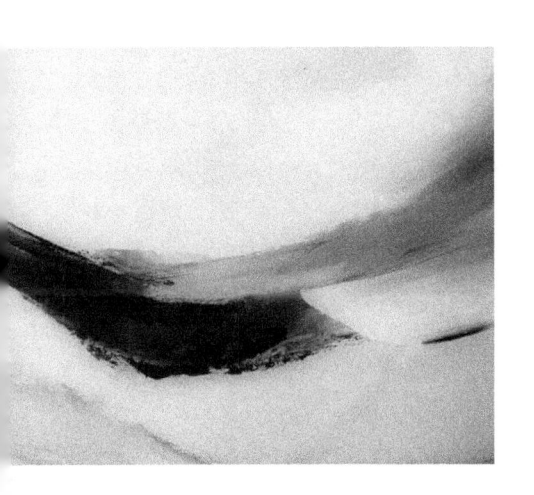

我的人生哲学

Philosophy of Life

张继顺 著

经济日报出版社
北京

图书在版编目（CIP）数据

我的人生哲学 / 张继顺著. ―― 北京：经济日报出版社，2023.12（2024.4 重印）
ISBN 978-7-5196-1358-7

Ⅰ.①我… Ⅱ.①张… Ⅲ.①人生哲学 – 通俗读物
Ⅳ.① B821–49

中国国家版本馆 CIP 数据核字（2023）第 211288 号

我的人生哲学
WO DE RENSHENG ZHEXUE

张继顺　著

出　　版	经济日报出版社
地　　址	北京市西城区白纸坊东街 2 号院 6 号楼 710（邮编 100054）
经　　销	全国新华书店
印　　刷	北京虎彩文化传播有限公司
开　　本	880mm×1230mm　1/32
印　　张	6.75
字　　数	131 千字
版　　次	2023 年 12 月第 1 版
印　　次	2024 年 4 月第 2 次印刷
定　　价	68.00 元

本社网址：edpbook.com.cn　　　微信公众号：经济日报出版社
未经许可，不得以任何方式复制或抄袭本书的部分或全部内容，**版权所有，侵权必究。**
本社法律顾问：北京天驰君泰律师事务所，张杰律师　举报信箱：zhangjie@tiantailaw.com
举报电话：010-63567684
本书如有印装质量问题，请与本社总编室联系，联系电话：010-63567684

前言

本人一直恪守老子的柔弱处世哲学，从不以强示于外。此书写作过程中书名一直未定，出版时商定为《我的人生哲学》。书名弱于《人生哲学》，但哲学气质仍然较强。确定这个书名，提升到人生哲学的高度，不是出于冲动，而是考虑再三。

此书从起笔到完稿历时三年多，其中各章的章名在写书之初就确定了，在写书的三年多时间里，没有章的增减，各章的名字也无改变。各章的内容，本人经过多年的思考和探究，章章都和人生密切相关，各章之间有着密切的内在联系和必然的逻辑关系。

此书每章都充满着人生奋斗、付出、奉献、成功和幸福的正能量，没有讲什么高深的理论和复杂的道理，从实用的角度讲述了每个人该怎么做，和他人该怎么相处。此书重在回答普通人、平凡人应树立怎样的世界观、人生观、价值观，如何为人、处世、学习、应用智慧、避免失败、取得成功。书的内容值得一读，对高中学生至50岁的人群更为实用，高中学生和大学生是最应阅读的人群。

本人才疏学浅，阅历简单，书中观点仅供读者为人处世的参考，如与您的观点不同，可认真琢磨，但不可过于较真，更不值得为此给您带来不良的情绪。特此有言在先。

在此书的写作过程中，我的夫人俞欣给予了大力的支持并对相关内容作了研究，在此表示真诚的感谢！

作者

2023 年 4 月 3 日

目录 CONTENTS

第一章　出身 / 001

一个人最不可选择的就是出身，但出身不能决定人生命运的一切。每个人的命运都可改变。改变命运，人人都须付出努力。

一个有所作为的人，必须树立正确的国家观念，把自己的志向和奋斗目标与祖国的时代使命融为一体，你的奋斗才会价值无限，国家才会因你而强大，你的成功才会因祖国的强大而更具价值。

人生的真正幸福和快乐，来自奋斗、付出、奉献和成功。

人生最重要的三大责任，即改变自己的命运，为下一代创造更安全、更幸福的环境，为社会做出奉献。

第二章　家庭 / 006

家是文明绵延不断的基础，是民族延续的根，也是社会稳定的锚。

对绝大多数人而言，家是享受爱和温暖最主要的地方，不可替代，甚至别无他处。没有婚姻的家不是家，没有子女的家不是完整的家。只有成立家庭并长久走下去的爱情才是真正的爱情。爱情是最重要的人生部分，所以，错过了爱情就等于错失了完整的人生，失去了爱情就等于失去了完整的人生。

一个人在恋爱阶段，不为对方改正自己的缺点和错误，是一种没有责任感的自私表现，在恋爱的角斗场上，失败的多是这样的人。

恋爱双方结婚成家，爱情结成正果，这不是爱情的结束，是新的开始。双方必须尽快处理好三件事，即信任、责任、夫妻生活。爱情从两心相悦到两心相融，才会实现升华。

家庭经济最重要的是正确处理好家庭财富的积累。只有积累，家才会逐渐富裕，生活水平和质量才会不断提高。

恋爱是两个人的事，婚姻涉及两个家庭，复杂得多。美好的恋爱易，美满的婚姻难。

一对感情笃深的老夫妻，相伴相随，幸福地度过晚年，是人生的最大幸事，夫妻双方都是人生的赢家。百年好合、白头偕老就是说的夫妻相伴一生的重要性，是夫妻关系和感情的最高哲学。

第三章　自己 / 028

人出生来到这个世界，做自己，做好自己，第一是能为自己负责，第二是能为家庭成员负责，第三是能为国家负责，第四是有突出能力的人敢为人类文明和正义事业负责。

人生最为基本的是做好以下四个最重要事项：保障自身安全、不犯毁己一生的错误、慎重做出每次选择、一分为二处理事情，这是正常人生的基础，做好就会生活安定，一生平安，幸福地度过一生。

幼儿园是孩子感知社会的第一舞台，是孩子形成社会性行为能力和思维的重要人生阶段，最重要的是培育孩子在一定的秩序下服从的意识和相互合作的能力。

孩子叛逆是一种社会安逸富裕综合征。

最重要的是培养好孩子的服从意识和合作能力。中学和高中阶段是人生基础知识构建、学习能力培养、自我管理能力形成至关重要的阶段，不管哪一方面和同龄人造成差距，可能都是终生的差距。在这个阶段的人生发展成不成功，最重要的决定因素是个人的自我管理能力。

修正自身重要的是以下六个方面：确保身体机能健全、练就完美的德行、正确设定欲望、管控好意念和情绪、正确理解自由、正确处理等待和改变。

美丽、妩媚、华贵都是女人的美，并且是美的三重境界。一个女人有知识、健康、知性、文雅，就会被人尊重。

第四章　他人 / 059

关于他人的人生哲学关键就是如何与他人相处和合作，人与人相处和合作的原则：包容、谦让、平等。包容是最高原则，说教是最大禁忌；谦让使人亲近，傲慢使人疏远；平等待人受人尊敬，居高临下让人厌恶。

和孩子相处是人生最为特殊的相处，养育孩子要尽快培育他的感恩之心和责任心。

看人看什么，最重要的是德行、诚信、责任心和能力，这四个方面就可比较完整地展示一个人的为人和可能的成就。

不管和什么人接触，最重要的是快速识别两种人，高尚的人和卑劣的人。

要快速了解一个人，第一看他是否守时，只有守时的人才能靠谱。第二看他如何对待他的父母。第三看他如何对待他的孩子。第四看他如何对待他的上级和下属。第五看他做事是否有决断力，表达意见是否干脆利索。

针对不同的人，要有不同的相处策略，不可一视同仁。

选择更高的人生舞台并和在高层次舞台的人合作，在其领导下工作或一起共事，会给你带来更大的支持和帮助。

第五章　人生态度 / 079

　　人生态度可分为处世态度、为人态度、事业态度，是人生哲学中的哲学。

　　处世态度分为入世和出世两种。没有生来就决定出世的，一切出世都有一个极端甚至离奇的理由。入世分为三种状态，积极入世、淡然入世和消极入世。入世不能做到积极入世，也要做到淡然入世。入世做事重要的态度有两项，一是为人态度，二是事业态度。

　　为人态度要好，首先要做好自己，然后才可与他人处好关系。做好自己有许多方面，但重要的是自信、乐观、阳光、积极、谨慎、不骄横、不抱怨、不退缩。与他人处好关系第一是如何说话，第二是宽容，第三是改变，第四是主动沟通，第五是助人于急难之中。

　　事业态度因人而异，由个人的主观和客观条件综合决定，还决定于入世的积极程度。

第六章　情商 / 094

情商是处理人际关系的个人情绪品质的综合表现,是适应不同人的应变能力。

情商是审视处境、判断得失、察言观色、进退得当、言行表达适度的能力,不能片面理解为讨好他人的能力。

要想与人更好地合作,得到他人的更多支持和帮助,就必须恰当表达你的情商。

情商以理性为基础,一个不理性的人难有高情商。许多个性缺陷就是不理性的缺陷,更是情商的缺陷。个性强、心直口快、耿直,甚至老实都是个性缺陷。

情商表达不只是针对他人,实际上对己之情商更重要,是情商表达的核心。对己之情商最重要的有三个方面,一是认清自己应该做的事,二是知道自己什么该放下,三是要说"不"时果断说"不"。

对他人之情商,简单的是微笑、赞美、原谅、谦让、帮助、感谢,较难的是服从、忍、退,最难的是让人服从、让人敬畏。

第七章　时机和度 / 110

　　机会、时机和度构成做事成功的三要素，既能抓住机会又能把握好时机，还能控制度的完美，不管做什么事都能取得最高效能。

　　时机是机会的关键时点，是机会的极值；度是做事过程中进与退或得与失的限度，做事存在最完美的度，也就是度的极值。善于把握做事时机和掌控做事之度的人才是真正有智慧的人。

　　绝不能大事小事都采取绝杀的处理方式，应追求"和"与"中"的人生发展之路，要选择围棋人生，不要选择象棋人生。

　　做事的时机不仅仅关系到事可不可做，还关系到做成事的快与慢和成果的大与小。时机恰当，有天时地利人和，事半功倍；时机不对，无天时地利人和，做事挫折不断，难有好的成果，抑或很快失败。

　　欲望之度是度的总开关，做任何事情的度都受欲望之度的支配。做事的度的把握没有明确的尺度，也没有好坏的明确分界，粗略分为不及或示弱、共赢或求和、过度或穷尽。

　　当处理一件事情不知如何做到最好，无法把握恰当的度时，采取中庸的处理方法无疑是最恰当的，对己对人都留有余地，才不会逼上绝路，最重要的是不把自己逼上绝路。

第八章　学习 / 126

知识是人生能走多高的梯子，知识多一点，梯子长一寸。

要积累知识就必须学习，要积累更多的知识就必须尽早学习、努力学习、会学习、终生学习。

一个孩子能否尽早学习，是由孩子的禀性和家长的教育决定。只有自我管理能力好的孩子才会努力学习，努力学习才会成为一种自律，也才会成为一种习惯。

终生学习是一种良好的人生态度，是努力提升自己并和他人拉开差距的积极人生态度。

在博学的同时，要力求精通多门知识，极力拓展自己的人生舞台，尽可能地延长人生向上的梯子的高度。

一个人要提升自己、改变自己，学习是主要方法，不可缺少的方法。学习能够提高你的修养，学习能够改变你的工作生活条件，学习能够改变你的命运。

工作之后不是学习的终止，而是学习新的开始。从工作实际中学习比从书本上学习更为重要，选择的工作能提高自己的技能是至要。要成为社会的精英，必须在知识的博学和精专上努力，并主动培养自己的宏观思维、从全局看问题和综合分析的能力。

知识改变命运对任何人都是真理。读书是人生改变命运最廉价的投资，当你没有任何资源和条件可利用的时候，读书学习更是如此。

人生的路上谁都会做许多蠢事傻事，但最大的蠢事傻事就是不读书学习。

第九章　智慧与愚蠢 / 140

这个世界上聪明的人很多，但智慧的人很少。缺少智慧的聪明人一生充满着危险，伴随的是挫折和失败。

聪明不等于智慧，聪明也不能自然转化为智慧。重大的事、复杂的事能不能做成，能不能做好，不是靠聪明，而是靠智慧。

智慧最重要的构成要素是利用知识的能力、观察认知世界的视角、处理事情的方式和方法、奉献社会的境界、敢闯敢干的胆识。

人不仅有没有知识的愚蠢和有知识而无智慧的愚蠢，还有有智慧不能正确应用的愚蠢。时机不到，宁做一个不发言的愚蠢者，绝不做一个发言的愚蠢者。

智慧的应用不能随心所欲，如果你很有智慧，就有能力在应用智慧上做出正确的选择。第一是做自己能够做主决断的事。第二是发现和抓住应用智慧的机会。第三是明智地等待。第四是寻求应用智慧的改变。

第十章　前行 / 149

　　积极入世的人应前行不止,前行不止应成为每个人的信念。前行必须和人生发展方向同向,前行必须和时代进步同向,前行必须和社会发展同向,前行应自强不息。

　　有的人在前行的路上寻求静闲。寻求静闲的人生空间,在可自主的静闲中寻求快乐。健康的静闲是人生的良好取向。

第十一章　领导能力 / 155

当今世界，一个没有领导能力的人很难做成大事，甚至很难做成事。做一个领导是很多人追求的目标，这个目标是正当的，不应被曲解，更不应被指责。

做领导没有那么复杂的学问，但必要的条件必须具备，否则就做不了领导或做不好领导。重要而不可缺少的条件是以下五个方面：文字功底、谨慎、理性、决策能力和管理人才的能力。文字功底是领导素质的基础，谨慎和理性是做好领导和做好合作的灵魂，决策能力和管理人才的能力是领导能力的核心。

少数年轻人进入一个单位，以彰显自我个性和个人自由为傲，这种没能力还耍个性的人，会被所有人嫌弃，最终等待他的只能是失败的人生。

用好所有人，是领导最重要的领导艺术，比用好有能力的人更为重要的能力是把能力差的人培养成有能力的人。

第十二章　付出 / 168

　　付出有甘愿付出，有必须付出，有不能不付出，有被迫付出。有得到回报的付出，有得不到回报的付出，有不需要回报的付出。

　　一个人甘愿付出的作为越多，或者不需要回报的付出越多，其社会价值就越大，才会得到真正的幸福、具有更大价值的幸福。

　　付出的人生意义，人人都需要深刻体会，品出其中真味，才会深谙人生哲学的真谛，成就有价值、幸福、完美的人生。

　　付出就是人生的天道。付出是生存的天道；付出是延续生命的天道；付出是人性竞争的天道；付出是幸福的天道；付出是取大义的天道。

　　人生正确的价值观是如何付出，而不是如何索取。

第十三章　失败 / 174

　　失败不可怕，可怕的是一败再败，败得再无机会。

　　做事是为了成功，绝不能不怕失败，要时时担心失败，时时提防失败，时时避免失败。欲思其成，必虑其败。做事不评估失败的可能性和失败的后果，那是蛮干，那是赌，在一些重大事情上甚至是在搏命。

　　失败是成功之母，这是对追求成功者的误导，麻痹了追求成功者做事开始的谨慎，也麻痹了做事过程的慎终如始，成为许多失败者彻底失败的根源。

　　人生真正的失败是错失成功必要条件的失败。对任何人来讲，成功的必要条件都是一样或相似的。必要条件的失败，第一是知识储备不足；第二是关键时候选择的舞台不对；第三是把握不好做事的时机和度；第四是智慧不够；第五是没有得到机会；第六是没有利用好机会。

　　失败，对每个人来说都会遇到，但要有正确对待失败的态度。力求不败少败，不要败在不努力和懒惰，不要败在穷奢极欲，不可耻辱之败，不可一败涂地。

第十四章　成功 / 181

　　人生能否成功没有充分条件，但必要条件不可缺少。

　　以人生智慧衡量成功，最智慧的成功者必定是那些抓住时机创造成功机会的人和那些能转危为机而后成功的人。这些智慧的成功者，大智慧者改变了世界、改变了国家、改变了社会；小智慧者极大地改变了自己的社会地位，走向了社会的高层。

　　具有伟大而辉煌人生的人是极少数，几乎所有的人都是普通的人、平凡的人。成功要从平凡的人生评价，要从个人心身的境界评价，是否成功的基本标志是：身体健康，心境安宁，静思愉悦，退一步无憾。

　　要想成功、尽快成功，以下四个方面是至要：准备充分的成功必要条件；踏实努力地工作；得到更多的人认可；尽快取得一项成功。

第十五章　珍爱生命 / 188

人类生命自身已远远超出了生命的自然存在，重大意义在于生命进化带来的人类驾驭自然的巨大能量，在于人类智力推动社会文明进步的巨大力量。

人生没有另一个世界，更没有平行的自己，不要为另一个世界的事苦恼，也不要为功名利禄所累，活好当下，为自己为家人为社会负责努力，平安走完一生。

人生美好平安万岁！生命生生不息万岁！

人一生能活成什么样子，是社会问题，也是个人问题，但重要的不是社会问题，而是个人问题。

　　人生短暂，百态百味。活得幸福，活得成功，活出精彩，是人生追求的最高境界。

　　在芸芸众生之中，你来到这个世界，相对于广袤无边的宇宙，连自诩一粒尘埃的资格都没有，但相对于我们这颗美丽的地球，你是最高等级的智慧生物，是地球生物的主宰者。

　　我们这颗美丽而神秘的地球，春夏秋冬、冷暖寒暑交替，天生万类、生机勃勃竞存，自然的环境就像一个温暖舒适的暖房，人类畅游于内，一边仰望浩瀚无边的宇宙、繁星灿烂的星夜，一边享受其无限的惬意、梦一般的憧憬。

　　对每个人来说，不管你出生于哪片土地，哪个国度，什么家庭，是男是女，只要来到这个世界，都是幸运儿。在人类智力所及的范围内，人类是宇宙中最有灵性的生物，人类所具有的智慧和意识，使人生成为宇宙中最光辉的运动形态，人人都可享受地球赋予人类的自然福祉，都可享受人类文明发展带来的福报。

无数人的理想、追求、奋斗、收获、奉献，使人类文明日新月异。人类技术的进步，使人们的生活丰富多彩，衣食住行无处不享受，喜怒哀惧爱恶欲使人类情感世界丰富多彩，精神享受神圣崇高，人生是如此美好。

　　但人类文明给人们带来的不都是福报。社会已不是自然的社会，自然力在发展中的作用急剧下降，社会已是科学技术推动的社会。每个人再不是自由放飞的蝴蝶，也不是网上的蜘蛛，而是立体信息网络的一个节点，天然的自由基本消失。在全球化的大趋势下，国与国之间的资源掠夺、财富竞争，人与人之间的技能拼搏、社会地位竞争，给每个人带来了巨大的压力。人们对自身财富和名利的关注超过了以往，使社会物欲横流，一些人为名为利不择手段。这使许多人的人生充满着矛盾和痛苦，深受世事的煎熬。

　　以什么样的人生哲学处世，才能使自己顺利获取基本的竞争技能，还能很好地融入社会，在激烈竞争的舞台上占有一席之地，同时保持生活工作的轻松自在，还能取得成功，平安幸福快乐度过一生。这是人生重要的哲学问题，人人都应在工作生活中探索，寻求完美的人生。

第一章 出身

我们这个地球的陆地分为七大洲，除南极洲之外，都是人类生活的家园。因各洲地理环境的不同，气候条件的不同，历史人文的不同，有的地方美景如画、气候宜人，物产丰富；有的地方寸草不生、风沙漫天，水贵如油。有的国家深受自然资源和环境的制约，发展的动力不足，国家长期处于贫穷的困扰；有的国家还饱受人祸的残害，战争和内乱不断，社会处于不安全和贫穷的恶劣状态，人们深受其苦。

影响一个国家发展的不仅仅是自然环境，还有国家技术优势和社会制度；有的国家还受到其他国家的侵略破坏，造成世界各国发展严重不平衡，贫富差距悬殊，安定程度迥异。而人与人获取社会财富能力的不同和支配社会资源地位的不同，连同社会分配不公的因素，使得不同的家庭占据财富的差异巨大，有的家庭富可敌国，可支持家庭成员过上想要的任何生活，有的家庭一贫如洗，过着衣不遮体、食不果腹的生活，更有甚者，有的家庭存在

我的人生哲学

被饿死的悲惨境况。

一个人可能出生于任何一个国度、任何一个家庭。

一个人最无奈、最不可选择的就是他的出身。

出生于一个伟大、富强、优美、自由的国家，你是幸运的！她，给予你安全成长的环境，享受更多教育的权利，取得更多物质享受的便利，还有你人生更高的尊严。

出生于一个积弱、贫穷、战乱、轻民的国家，你是不幸的！她，带给你的是成长的不安全，享受更多教育的艰难，取得更多物质享受的困难，还有你人生更少的尊严。

出生于一个富足、博学、仁爱的家庭，你是幸运的！她，带给你更安全、更理想的成长环境，接受更高程度教育的机会，得到更多物质的享受，人生更多的满足和尊敬，还有更多获得成功的选择。

出生于一个贫穷、愚昧、奔波的家庭，你是不幸的！她，带给你成长的不安全、多苦难，受教育的无可选择，物质享受的贫乏，人生更多的不如意，还有获得成功的艰辛。

人生就在这种极不公平的起点上开始了，这对绝大多数人来讲，是不幸的，但有幸的是人生是可以改变的，不幸的不会永远不幸。

出身的幸运和其他任何幸运一样，它不会保证你一切顺遂和永远平安。

第一章　出身

出身的不幸和其他任何不幸一样，它不会使你永远不幸。

每个人的人生与自己的国家和家庭紧密相连，错误地理解了国家，错误地理解了家庭，错误地处理了和国家的关系，错误地对待了家人，人生难以取得成功。

所以人人必须树立正确的国家观念。

一个人总是渺小的，如你是一滴水，祖国就是大海，把自己融入大海，你才不会干涸；如你是一粒沙子，祖国就是沙漠，把自己放入沙漠，你才会变得宏大。

每个人和自己的祖国是不可分的，不管你多么弱小、多么力微，你的爱国之心都是祖国走向强大的一份能量。你的任何贡献，不论大小、不论何时，都是使祖国强盛的一份力量。任何国家都会发生灾难，有的是天灾人祸，有的是内忧外患，但不管国家处于何种状态，对于每个人而言，祖国都是你灵魂的寄托、精神力量的源泉、自强不息的后盾、奋发前行的未来。

每个人都和自己的祖国同命运，做到热爱自己的国家，热爱自己国家的人民，心系祖国，和祖国共呼吸，为祖国和人民奋斗不止，才能达到人生大义和人格尊严的最高境界。只有这种境界，才会把自己的命运和祖国的命运紧密相连，才会为祖国尽责，为祖国奉献。

你为国家做出的奉献也许极其微小，但从国家整体而言，只要没有损害国家利益的行为，再平凡之人，都是一份国家力量的真

我的人生哲学

实存在。

生在一个伟大国家是人生的幸运,生在伟大国家的伟大时代更是幸运。这给你提供了取得成就的更多机会,还可在不必牺牲个人利益甚至生命的前提下,既可为国家做出贡献,还有可为个人获取更多利益的选择。

生在一个小国、弱国,国家可能无法为你提供一展宏图的强大支持,但国家需要你为之强盛付出的那份力量。任何人都应把国家利益放在第一位,需要放弃更多的个人利益,该放弃的就应放弃。

生在国家危难之时,任何人对国家的微薄之力,对国家而言,都弥足珍贵。此时,国家需要的是全民团结一心、共赴国难的悲壮之举。作为此时的国人,特别是有血气的儿女,为国为民,需要放弃自身的利益,甚至不惜放弃自己的生命。

人人必须树立正确的家庭观念。

正确处理家庭和事业的关系。摆正自己在恋爱和婚姻中的位置,把握好恋爱与婚姻的时机和度。恰如其分担任夫妻角色,以信任、负责的态度培育夫妻恩爱之情。分清自己在家庭中的责任和义务,正确处理你应承担的付出。

人人必须谨记:

父母生你之恩,世间恩情之最,终生无以能报。

人的出身不可选择,但每个人的命运都可改变。

第一章　出身

改变命运，人人都需付出努力，终生追求成功就应终生不懈努力。

人一生的幸福和快乐，不完全由出身决定。

人生的真正幸福和快乐，来自奋斗、付出、奉献和成功。

人生最重要的三大责任，即改变自己的命运，为下一代创造更安全、更幸福的环境，为社会做出贡献。

第二章

家庭

家是文明绵延不断的基础,是民族延续的根,也是社会稳定的锚。

中华民族几千年,一直注重家的建设,讲家教,讲人伦,重家德,始终把家和国家一同治理。

家教对一个人的世界观、价值观、人生观具有决定性的影响,对其社会行为影响终生。

家是每个人安全降临这个世界的地方,感受父母之爱的地方,开始认识世界认识社会的地方,步入社会启蒙成长的地方。家是一个纵情哭和笑的地方,既暖心又累心的地方。家是爱情温暖的巢,人生打拼、奔波身后的岸。家是应对人生困难、灾难最坚固的堡垒,分享人生成功、感受人生快乐的航船。

随着交通运输工具运行速度和运行里程的快速提高,通信方式和内容的快速改变,人们生活和工作的范围不断扩大,工作的节奏不断加快。人们离家越来越远,给予家的时间越来越少,对家的亲

第二章　家庭

近感越来越淡漠。这改变了人们对家的观念和责任，减少了家带来的快乐和幸福。

这是人类文明进步的代价，对许多人而言，这种代价不可避免，难以改变，还给一些人造成了人生的缺憾。

家以婚姻为基础，没有子女的家，会有不同的幸福和快乐，但不是传统意义上完整的家庭。

幸福、美满的家是标志人生是否成功的重要部分，对一个普通人来说，更是最重要的部分。成家和立业不能完全分离，不管立业何等重要，应该成家之时，对任何人来讲，成家都是那段人生最重要的事。为国家和家庭错过成家最佳时间的人，要继续努力。因自身原因错过成家最佳时间的人，要反思自己，做出改变，及时成家。

对绝大多数人而言，家是享受爱和温暖最主要的地方，不可替代，甚至别无他处。一个人生活在爱和温暖的氛围里对其健康和人生态度都有极其正面的影响。有爱和温暖的人，在面对挫折和困境的时候，能更积极、更乐观地应对，能更好更快地走出来，缺少爱和温暖的人，就更消极、更悲观，甚至自暴自弃。

有的人把爱情和成家对立起来，是错误的爱情观。没有成立家庭和成家又很快分离的爱情只能算是情爱，只有成立家庭并长久走下去的爱情才是真正的爱情。爱情是人生的重要组成部分，并且对大多数人来说，是最重要的人生部分，所以，对大多数人来说，错过了爱情就等于错失了完整的人生，失去了爱情就等于失去了完整的人生。

我的人生哲学

（一）

恋爱是人生最美好的情感，但不宜早恋。恋爱是情感的猛烈碰撞，会影响和改变对方的行为和心境，有时会使人失去理智。早恋，一般是指发生在十二三岁到十八九岁之间，对绝大多数人来讲，处在没有成熟的年龄，控制力差，理智易受冲击。这是一个对人生前途命运具有决定性的年龄段，如因早恋影响了学习，在同龄人中掉队，甚至因此跌落泥潭，将是人生永远的损失。

到了适婚年龄，努力寻求自己的另一半，是这个人生阶段的重要任务，这也是一份重要责任，人人都需严肃对待。

人世间，婚姻方式千奇百态。如两情相悦，平等、和谐缔结的婚姻，双方携手相扶相助，就会甜蜜地步入人生的美好旅途。而仅靠金钱、地位、体貌缔结的婚姻，多是要么一方被勉强拉来，要么一方强行挤入，爱的平衡最难保持，最易失去的是相随相伴的和谐和幸福，一旦有所变故，给对方带来的是凄苦不堪。在婚姻中，女性是弱者，受害的多为女性，受害的程度也会更深。

和谐、美满的婚姻，不会产生于童话般的爱情，只能来自爱的责任。爱最恒久的决定因素是责任，责任是使爱情淳厚、圣洁、地久天长的丰腴土壤。

找到一个爱的人，不只是你恩我爱，卿卿我我，而是找到了你要对其负责的人。这种责任是无条件的，终生的，融在爱的每一

第二章 家庭

点。这种责任是爱的浪漫无法承担的，爱情一旦没有了责任，就永远失去了恩爱，相互尊重和信任也就没了根基。

爱情不管是在恋爱期还是结婚后，都需要不断培育和用心呵护，最有效的办法就是沟通和调和。两情相悦绝不是单方面被接受，而是相互接受，希望对方接受自己的同时，更重要的是你如何接受对方。

恋爱时期，男女双方，不管谁有缺点和不足，对方都要从包容的角度去理解，人无完人。一方发现另一方的缺点或不足，最重要的是主动坦诚沟通，而不是故意回避或累积在心，另一方应重视与对方的沟通，充分考虑对方的意见，能努力改正自己的缺点或不足，双方的缺点和不足不断得到调和，恋爱就不断接近结婚的正果。

有效的沟通和调和，既可提升自己，也能适应对方，这是由恋爱成功走向婚姻重要的过程，更是走向美满婚姻不可缺少的过程。正确的恋爱过程应是人生改进自己错误和不足的难得经历，可全方位提升自己和他人相处的方式和技巧，从而提升自己为人处世的能力。向对方提出要包容你的一切缺点和毛病的要求，是绝对不可取的，从为人处世角度讲是一种愚蠢，是一种莫大的愚蠢，这不仅使你失去了通过恋爱改变提升自己的机会，也把恋爱成功的机会降到了最低。在恋爱的角斗场上，被剩的多是这样的人。

一个人，不为恋爱的对象改正自己的缺点和错误，是一种没有责任感的自私表现，完全没有为对方负责的意识。缺乏这种意识就

我的人生哲学

不会为对方做出牺牲,甚至和对方同甘共苦都难以做到。在恋爱期间,双方的沟通、调和要有积极主动的心态,养成了这种习惯,不管是恋爱还是婚姻都会和谐,会为未来的婚姻走得更远打下良好的基础。

结婚之后,爱情就和复杂的家庭生活混杂在一起,需要沟通调和的事更多,需要更多地站在对方的角度、站在更多人的角度考虑问题。恋爱双方结婚成家,爱情结成正果,这不是爱情的结束,是爱的升华,是新的开始。许多人适应不了这个转变,爱情不但没有升华,反而消退,甚至走向冲突与死亡。

结婚成家,爱情和夫妻双方各自的家庭有了直接关联,认识不清这种改变和现实,不想为此做出调整,仍然追求二人世界的那种爱情享受,不顾及他人已极不现实,否则就是一种不折不扣的自私。这种自私会使你永远不能融入对方的家庭,你是你家,他是他家,在二人的爱情之间就形成了一条无形的沟。

鄙视对方的家庭、家人或漠视对方家人,对对方的家庭和家人没有起码的亲情、尊重和关心,也和追求二人世界的爱情享受一样,会造成同样的后果。

结婚之后,主动追求的一方,把对方看成猎物,以胜利者的心态对待对方,这是对爱情的亵渎。这说明主动追求一方追求的不是爱情,而是追求对方具有优势的东西,并且始终存在一种自卑心理,一旦结婚,这种自卑心理就转化为报复心理。这种报复心理即

第二章　家庭

使无意,同样可耻。主动追求的一方利用利诱的手段,多是看中对方体貌,一旦结婚,体貌由垂涎索求变为盘中餐,追求时的物质讨好就会变为物质施舍。

和对方结婚,是因对方追得紧、承诺得多,勉强为之。婚后以居高临下的心态看对方,仍然按照恋爱时被宠、被服侍关系要求对方,还时时按恋爱时对方的无边承诺提出要求,对方即使依然有宠你之心,但无力兑现或没必要兑现,就会给对方造成心理压力,长此以往,就形成变味的爱情、变味的婚姻。

结婚之后,爱情已不是两人相处的全部,需要认清婚姻的历程,及时转变心态,调整爱情的因素和表达方式,使爱情尽快升华。

结婚成家过日子,两人原来家庭基础的不同、个人收入的不同、社会地位的不同等情况就浮上表面,有些可能成为矛盾和问题。优势的一方必须摆正心态,更为现实地面对。结婚是合二为一,要貌合更要神合。神合就是精神上的完全融合,绝对平等的高度认可。切记不可你的是你的,我的是我的;我的你甭管,你的我凭什么管。甚至更加蛮横要求,你的全是我的,妄图控制对方的一切。

不管哪一方面,优势的一方,不能使你的优势成为你的特权,更不能成为你欺凌对方的借口。要主动退让,使对方感到你的优势就是家庭的优势,让对方为你的优势自豪,不要让对方自卑。

对普通人而言,结婚之后,爱情能否依旧美好,能否升华,关

我的人生哲学

键是日子过得是否满意。过日子油盐酱醋、吃喝拉撒，上敬老，下养小，不是纯粹的谈情说爱、憧憬未来，要面对纷杂的家庭关系和许多经济问题，甚至生活中的诸多困难，爱情就像加了多种调味剂，没有了那种甜美的纯正，爱情从戏剧的舞台转入了人生现实的舞台。日子过得满意不是对物质享受的无限追求，而是有不足却知足，有需求却不奢求，有困难却不被难倒，有憧憬却面对现实。

结婚之后，夫妻之间，必须尽快处理好三件事，即信任、责任、夫妻两性生活，这是婚后爱情的基石，也是家庭生活的基石。

当你携某人之手进入婚姻的殿堂之前，你必须确定这个人你信任吗？值得你信任吗？这个人信任你吗？如果这三问你从来没想过或没有清楚过，你的婚姻就是一种冲动、一种盲目、一种随意，缺乏理性。如果这三问基本清楚或比较确定，你的婚姻就属于理性的选择。

婚姻理性也好，非理性也好，结婚之后，双方要把信任作为心灵相通和调和的最紧迫感情，用心、用情、用责去处理。夫妻之间的信任需要通过处理家庭事务磨合。

夫妻双方要给予对方充分的信任，既不要做出辜负对方信任的行为，也不能单方面做出有损对方信任的行为。任何一方都要避免提出超过家庭负担和极不合理的事项，都不可随意否定对方提出的事项。不管什么事情，双方尽量做到沟通协调一致，沟通协调的基础是多站在对方角度看事、看人、待人、处事。

第二章 家庭

一个成熟早、具有责任心的人，对对方的信任自然就会强化对对方的责任。一个仍未成熟、缺乏责任感的人，对对方的信任只是负责的开始，信任还缺少责任的滋养和稳固。夫妻双方必须都要向对方负责，你的一切行为都背负着家的责任，你的一切行为的后果不是你一人承担，关系着对方的幸福和安危。这种对对方的责任感，在组建家庭的那一刻就必须融入你的血液、深入你的骨髓。只有做到这一点，才能真正理解什么是爱情、什么是家，你才能真正理解爱情和家在人生中的重要和意义。

夫妻双方相互信任，相互负责，就真正把对方装入心里，同时也真正把心交予对方，爱情从两心相悦到两心相融，自然就实现了爱情的升华。

夫妻的爱情转变为相互信任、相互负责的爱，必然少了激情和浪漫，特别是有了孩子之后，如何过好夫妻两性生活，已经不是一件随性的事，但也不是一件可有可无的事，更不是一件有求无应的事。把两性生活作为生活的重要部分，计划中求随意，呆板中求浪漫，忙碌中求激情，纷乱中求和谐。充分调整家庭环境和条件因素的影响，让爱的心境超越一切，让爱的美好成为夫妻两性生活的全部。

（二）

二人之家是最简单的家，但却是家走多远、过多好的开始。一

我的人生哲学

个没有一定经济实力支持的小家，需要二人把它过好，必须有充分的思想准备。这不是一件容易的事，需要团结协作，共同奋斗，有时候还要共患难。

最重要的家庭问题是经济问题，伴你一生，复杂多变。从经济的角度讲，把一个家比作一个公司，十分恰当。你要使这个公司一直没有财务困境，更不能破产，并不断由小变大，这是你这个家幸福的最重要因素，你个人幸福的最重要因素，也是你人生成功的表现。

处理好家庭经济，使家庭经济越来越好，夫妻双方都应积极提高增加收入的能力，这是实现收入增长的最根本途径。工薪之家收入的三个主要途径是工资、投资和智力服务。企业、农商经营之家收入的重要途径是产品、经营管理和投资。不管什么家庭的收入能力，夫妻双方的知识水平是决定因素，所以有计划有目标的学习是关键。

处理好家庭经济关系，是夫妻终生的人生主题之一，特别是结婚开始的几年，双方都要用心、用情、用爱沟通和协调。双方在经济上必须做到公开透明，在经济的支配上做到让对方绝对信任。任何一方都不可拿自己物质上的优势看低对方，都不可设定自己物质上的支配权高于对方，都不可完全剥夺对方物质上的支配权，都不可独占家庭事务上的决策权，都不可对家庭事务进行绝对分工。

家庭经济最重要的是正确处理好家庭财富的积累。只有积累，

第二章　家庭

家才会逐渐富裕，才能支付更大的消费开支，生活水平和质量才会不断提高。不能收入2元想花3元，月月光，年年光。支出必须量力而行，节俭生活，不可奢侈更不能借债消费。

每个家庭都必须处理好积累和享受生活的关系，过于追求生活的享受，没有合理的消费计划和度的控制，就难以完成成家初期的积累。积累需要放弃当前的生活享受，甚至适当降低生活质量。如果收入不具备积累的条件，就必须把节约消费、增加收入和如何积累一起谋划。

（三）

婚后，恰当处理双方家庭关系，是一个感情认同的过程。少数夫妻在婚前已完成这一过程，双方家庭的矛盾较少，大多数夫妻在婚前没有完成这一过程，婚后矛盾较多。

恋爱自由、恋爱不被干涉是人类文明的进步。但结婚成家，各自都应进入对方的家庭，那种我只爱对方，对对方家人冷漠无亲情，对方家庭和我无关，甚至提出不管对方家庭的事、不管对方父母的事，都是极其错误的婚姻观念。

夫妻组成的家不可能独立存在于社会之外，更不可能独立存在于双方家庭之外，夫妻双方之小家和双方两个家庭之间存在责任、义务、人伦亲情的密切关系，这些关系处理的好坏直接关系到婚后生活的幸福与否。处理好这些关系，最重要的是人伦亲情。夫妻双方不管以什么样的姻缘方式走到一起,对对方家庭的认可和家人亲情的建立,都是婚姻圆满的重要组成部分,是处理好涉及两个家庭一切事情的基础。

婚后尽快融入对方家庭是夫妻双方都必须尽心努力的大事,恋爱是两人的事,婚姻涉及两个家庭,复杂得多。美好的恋爱易,美满的婚姻难。处理好婚姻关系,建立两家良好的人伦亲情,是一个人处理社会关系的镜子。一个人只有家庭关系处理得好,处理社会关系才会更有技巧和能力,也更有情商,才能在社会工作中更有成就。

夫妻一方漠视对方的家庭,对对方家人毫无亲情,证明对对方的爱缺乏真心。和对方结婚要么是出于自身缺陷和短处的无奈,要么是看中了对方可给自己带来利益的优势,要么是出于无法满足自己过高要求而又不得不结婚的凑合,要么是极度自私的禀性。这种人心里只有自己,没有慈爱,不会对任何人付出真爱,也永远找不到真爱。这种婚姻既害了对方,也害了自己,不会幸福。对方一旦不可忍受,只能走向分离。

(四)

生养子女是家庭的大事,更是夫妻两人的大事。什么时候生养子女,夫妻双方必须做好充分的思想准备,还要做好必要的物质准备,有计划地生养,不可随意生养,更不可意外生养。意外生养子女最易给生活和工作带来困难,打乱生活和工作的安排和节奏。子

第二章　家庭

女出生后，可能得不到更好的照顾，甚至对子女的健康成长产生影响。

有子女是人生最大的改变，人生多了一份责任，并且是无限责任。如你没有足够的经济实力，就意味着照顾子女不仅仅是你生活的一部分，还是你生活的沉重负担。为此，生活方式必须改变，生活重心必须转移。

进入工业化之后，生产力的极大提高，创造了巨额的财富，但也产生了严重的不公。一些国家的社会福利使人们生活无忧，晚年安逸，一些国家贫穷或分配的不合理使许多人没有生育子女的经济实力。这两种完全不同的社会经济状况却同样改变了生养子女的价值观，不生育子女的人群数量庞大，同时也使子女成人后和父母的关系发生了深刻的变化，人伦关系淡化，出现依赖性大大减弱和依赖没有底线两个极端。由于社会分工的进一步细分，工业价值的提高，农业价值的降低，许多人不得不到离家更远的地方工作，养育子女的方式不得不改变。

生育子女是人类繁衍的需要，对每个人来说是一种社会责任。生育子女是爱情的一部分，是爱情的最高表达形式，是负责任的爱情表现，轻易放弃生育子女是一种自私。不管是双方一致选择还是单方选择不生育子女，都是夫妻婚姻的自由，但爱情需要新的元素，需要拓展新的空间，需要表达爱心和责任的新对象，爱情才会焕发新的生机。所有夫妻都不要忽视生养子女对爱情和婚姻的意义。

夫妻要积极地生育子女，这会让爱情进一步丰富，给爱情注入新的能量，提高爱情的甜蜜度。子女的出生会使婚后的小家变成完整的家庭，家就成为和社会融为一体的延续，家的未来就充满憧憬、充满希望。

没有特别的原因，自己的子女应自己养育。除了那些具有雄才大略而能站上历史潮头的人，对大多数人来说，培养好自己的子女应是人生第一责任，要把培养子女作为人生事业的一部分，不离不弃，尽己所能。

父母之爱是孩子最真切的情感感受，是安全感的心理保障，是其成长的春风、春雨，温暖如春天的阳光。孩子由父母养育，最有利于孩子的健康成长，有利于孩子的教育。自己养育孩子，也会感受爱心付出的美好和愉悦，是对健康心境的陶冶。

如何教育子女是一项大学问。现在，有太多的教育家、心理学家、幼儿专家把子女教育说得玄之又玄，把许多家长搞得云里雾里，甚至引入歧途。一些家长望子成龙心切，过早给予子女过大的学习压力，让子女不堪重负，自己也焦虑不已。常常听到，一些四五岁和六七岁的孩子要上的辅导课有五门、六门，甚至十门以上，还没上学，就把孩子搞得厌学，被唠叨得没了积极性。

教育子女要简单化，莫被那种所谓的完美早期教育设计忽悠，更不能被那种所谓的综合素质教育挟持，培养子女的主动意识是关

第二章 家庭

键。家长和子女一起做好以下四件事，子女的教育就不至于盲目走弯路，就能把子女引上学习的正路。培养子女喜欢书、好翻书看书的习惯；培养子女服从和合作的意识；培养子女努力刻苦学习的素养；尽己所能给子女创造相对好的学习环境和条件。

从子女出生会玩开始，适当的玩具是必要的，但一定多买一些幼儿成长各阶段的书籍，做到孩子不管在哪里玩，随时都可抓到书、看到书。父母一定要有耐心，只要孩子拿着书，就给他讲、陪同看。这一点极为重要，时间长了，孩子就喜欢拿书、翻书，只有喜欢拿书、翻书的孩子，才会看书、读书。给子女买书，父母不要怕浪费，孩子能在一本幼儿书中认识三四个字都是收获，认识五六个字就是大收获。

在这个社会生产高度分工的时代，孩子的学历和知识面固然重要，但最重要的是如何处理服从和合作的关系，这是孩子未来两个重要的生存本能，直接关系到他未来事业的成败。这和孩子的禀性有关，但在引导上基本取决于父母，需要父母从小就用心去培养，不断引导和纠正，必要时要严厉。一是听父母的话，从而学会尊重他人、服从他人，二是懂得"不可以"，接受父母的否定，从而学会和他人合作。

一个人的学识和独创能力决定他能在多高的平台上工作，但服从和合作是一个人情商的关键部分，决定你在工作平台上能否找到重要的位置。无论在哪里，服从和合作比一个人的学识更重要，从

我的人生哲学

小就让孩子懂得"可以"和"不可以",培育"可以"和"不可以"的自然品性,尊重父母的"可以"和"不可以"。不管做什么事,要多和孩子讲一些可以、不可以的道理,慢慢使孩子养成服从和合作的行为方式。一个孩子有了服从和合作的意识,许多美德就自然形成了。万万不可讲条件让孩子做事,这会让孩子斤斤计较,不为他人着想。给孩子开设多门辅导课,孩子又极不情愿,只是被动而为,往往就难逃这个可悲的结局。

　　培育孩子刻苦努力认真做事,是最难的。不少家庭经济条件比较优越,多数孩子是独生子女,基本没有物质缺少的渴望,也没有争取物质的动力。如何激励孩子是一个难题,培育孩子的竞争意识就更为困难。在孩子上小学之前,要采取多种方式进行正面教育,但重要的是培育孩子完整做好一件事的习惯和追求完美的坚持。玩也好、做任何事情也好,不要随便和任意打断他,要让孩子认识到,事情做不完不可以随便停下,这个习惯是刻苦努力做事的基础,这个习惯培养不好,将来让其刻苦努力做事就难。同时还要鼓励孩子做事追求完美,培养认真的习惯。父母要多陪伴孩子一起做事,在做的过程中,引导孩子多思考,多提问题,多角度看事情。

　　为孩子创造相对好的学习环境和条件,是父母的责任。责任就是必须,但付出多少要看父母的经济条件和甘愿程度。最重要的是父母的行为不能影响孩子的学习,更不能对孩子产生负面影响。要认真分析孩子的天赋和兴趣,给孩子留出玩乐的时间,不能压抑了

第二章　家庭

孩子的天性。

夫妻双方或一方不能养育孩子，对孩子的成长和教育会有很大影响，有的会造成终生的不良影响。

为了国家或单位需要、赚取薪酬等，一些家庭面临夫妻分离的问题，这会影响子女的教育。夫妻双方要把子女的教育作为重要事情，计划安排好，最大限度减少分离对子女教育的影响。有些分离是已预见的，有的分离时间也是夫妻双方可以忍受的，有的分离给家庭带来的福报冲淡了分离带来的痛苦和困难，负担家庭的一方甘愿牺牲自身利益。但许多分离是不可预见的，属于命运无奈的安排，给家庭带来的困难和痛苦超出了一方或双方的甘愿程度或可承受能力，对家庭的稳定具有破坏力。如发生不可预见或难以承受的分离，夫妻双方必须把子女教育作为头等大事，共同面对困难，充分沟通，找出减少困难的方法，力所能及不要影响子女的教育和成长。特别是离家的一方要更多地承担责任，最大限度地为家庭多付出，排解家庭困难，经济上给予全力支持，甚至做出个人牺牲，为子女教育创造良好条件。

夫妻的暂时分离，最不可取的是离家一方不负责任地离开家庭，分离期间对家庭困难不闻不问，甚至背叛对方。这类人是最自私的人，为了自己把对孩子的责任都无情放弃。这种情况造成双方婚姻的破裂，很难指望责任方对孩子付出真情，但人类作为智慧生物，对子女之爱是爱心的底线，任何人都应抬高这条底线，减少人性的冷酷。如婚姻终将破裂，双方都有责任尽最大努力，减少对子女的伤害，减少对子女教育和成长的影响。

（五）

对夫妻人生而言，晚年生活更为重要，一对感情笃深的老夫妻相伴相随，幸福地度过晚年，是人生的最大幸事，夫妻双方都是人生的赢家。

婚姻是物质和精神双重享受的暖房，当心心相印的两个人步入和谐美满的晚年，对坐一起喝着一人熬制的稀粥，四目相对而心意相融，那种满足和心情的愉悦，不仅仅是物质上的，更是精神上的，物质上的满足美过世界上最美的美味，精神上的快乐好过人与人之间所有的相聚。

到了晚年，人生的舞台越来越小，爱人在你生活空间里所占的比重越来越大。当爱人成为陪伴你生活绝大部分的时候，夫妻生活能否和谐幸福，就看双方在对方心中所占空间的大小。当双方都占据了对方心中绝大部分空间时，夫妻生活必定和谐幸福；当只有一方占据了对方绝大部分心中空间时，夫妻生活也许幸福，但不会和谐；当双方都很少占据对方心中空间时，夫妻生活必定不会和谐幸福。

在汉语里，百年好合、白头偕老说的就是夫妻相伴一生的重要，是对夫妻关系和感情的最高哲学。人生夫妻之爱，到了晚年不再有梦，放飞的憧憬回归现实，温馨纯诚之爱应归于夫妻生活和谐

第二章　家庭

幸福的同一：长相厮守，心融情合，互慰互乐，相依相扶。

经由信任、责任滋养的夫妻之爱，经由几年甚至几十年的风风雨雨，夫妻在对方的心中所占的空间定会越来越大，必将成就和谐幸福的晚年生活。

始终没有建立起相互信任、相互负责爱情的夫妻，各自在对方心中所占的空间不够大，夫妻双方晚年生活在对方生活中所占比重的增加不一致，要想晚年生活幸福，需要付出改变和努力，做出更多相容互敬的沟通和交流，提升爱的真诚和互信。原来不是十分融洽的夫妻，无论何种情况造成，为了晚年心身的健康和快乐，都必须为对方改变自己，用自己对对方的信任、责任和尊重，重建温馨纯诚之爱。

百年好合的晚年之爱，是爱情神合的境界，绝非成于个人随心所欲的夫妻生活，而是成于设身处地为对方着想的信任和毫无条件为对方付出的责任，成于时时为对方修正自己的不足而又以最大的宽容包容对方缺点和不足的佛心。

到了晚年，任何人都必须放弃陶醉于前半生工作生活的回忆，不管多么辉煌、多么令人回味无穷。这时的家更多的是二人世界，任何的幸福和美满都来自平等的夫妻生活，特别是普通人，生活的舞台快速缩小到家庭范围，就必须转变生活的思维方式，既把自己的生活更多地限定于家庭范围，又要游离于家庭的权力之外。

离开工作岗位，要尽快回归童心，以玩的童心发挥特长爱好或

我的人生哲学

培养爱好。以自己的爱好充实生活，防止毫无特长爱好的无聊对身心健康造成的伤害。

夫妻一方身体不好，需要对方照顾，双方都不应产生心理负担，要建立现实的心理平衡，现实的幸福观。虽然生活的质量受到影响，但夫妻二人的世界完整，一方要感受被照顾的幸福，一方要感受付出辛苦的幸福。

因一方离去，造成另一方晚年孤独生活，对夫妻双方都是不幸，但活着的一方，必须改变生活的方式，重塑生活的观念。如果能够基本放下已经离去的对方，生活条件许可，可以寻找新的伴侣，以新的情感，建立新的生活。

如果不得已或选择一人生活，首先，必须确立积极开放的心态，充分领会生命存在的美好，把健康作为生活方式和心理愉悦的目标，提高独立生活的能力。最重要的是立足依靠自己，管理好自己的一切，少给子女和他人添麻烦。其次，如经济条件许可，尽可能多地安排自己的快乐生活，摆正自己已是观众的地位，做一个大自然和文化娱乐的享受者。最后，多为家庭付出，力所能及地为家庭担当负责，把家庭的事务融入自己的生活，用天伦之乐诠释晚年生活的意义，感受生命归于自然之前还能够为家人或他人付出的幸福。

（六）

家风家教对一个家庭的建设和发展非常重要。良好的家风源于

第二章 家庭

人类文明进步成果和优秀民族文化积淀,特别是民族文化,构成家风的根。由于不同的家庭在社会关系中处于不同的角色,家风有着不同的内容和方式。但无论哪个民族、什么样的家庭,家和是家风的头等要素,是家风的核心。中国古语讲,天时不如地利,地利不如人和,家人不和,家之地不利,什么天时都难得好的结果。

家和第一是夫妻恩爱之和,第二是长幼尊爱之和,第三是亲戚邻里互敬之和,第四是夫妻双方家族优秀家风有序传承之和。夫妻之和是最重要的家和,是家和的根本。家和万事兴,家和是一个家庭能够谋划做事、正确做事、做成事、做好事的前提条件。

许多夫妻没有注意平时的表现和家风的形成,没有认识家风对一个家庭的重要和对后代不良影响的严重性,把败坏家风的许多小节随性地表露出来,平时的所言所行让孩子耳濡目染,影响孩子的禀性,孩子修养的家教基础就会出问题,这些还将严重影响孩子的为人处世。

许多家长只注重填鸭式的课程教育和由主观设计的特长教育,忽视了孩子的家风教育。良好的家风包含了人生价值观和为人处世的方式方法,对孩子的影响很大,会关系他的一生,左右他的人生轨迹。家和就容易形成良好的家风,会形成孩子接受教育的良好环境。任何一个家庭都要有目的地建立良好的家风,已有家风传承的要传承好,并根据子女的职业情况进行补充,没有成文的家风就要设法建立。在建立的过程中,夫妻双方既可相互激励,又可鞭策子女，使家在家风的建立过程中更加和谐，从而营造更好的家和环境。

（七）

离婚成为现代社会一些人比较随便的事，这是时代的悲哀。许多有钱人比较任性，在婚姻上也会任性，个别任性成为社会的趣闻奇谈。因为有钱，不怕结婚找不到对象，这些赤裸裸的金钱婚姻，结婚是金钱，离婚也是金钱，婚姻不能从信任、责任、爱情上看待、理解。金钱婚姻不能算是真正的恋爱婚姻，只能是情爱的一种合作形式。

理性和负责任的人对待结婚是认真严肃的，离婚更是慎之又慎。比较正常的婚姻，一方提出离婚，除了另一方行为严重玷污婚姻神圣的原因，多是没有放弃自我、个人至上的恶果，还有就是一些人追求刺激，在诱惑面前放弃责任的道德沦丧，以自由和人性解放为借口，实为满足个人私欲。

一个人对待婚姻的态度，在其道德水平和善良程度上占有极重的分量，离婚特别是涉及子女的离婚，是极为残酷的一件事，关系人生许多道德规范，触及人生许多良知善行。

对婚姻神圣的玷污造成的离婚是难以调解的，即使勉强维持，也给终身的幸福带来难以言喻的后果。

对大多数人来讲，婚姻是人生最重要、最美好的事，美满的婚

第二章　家庭

姻是夫妻双方生命的叠加，会使人生更加美好。不管什么原因造成离婚，都是人生道路上的失败，虽不知会对你的生命带来什么不利影响，但必有代价的付出。不管离婚得到什么，都不值得庆幸。

不能为了结婚而结婚，更不能视婚姻为儿戏。有钱人也好，普通人也好，从结婚的那一天起，就要为实现婚姻里美满的晚年而努力。不管恋爱和结婚之初多么激情和浪漫，也不管结婚是由金钱或体貌如何促成，和谐美满的晚年对任何人而言都是极为重要的。中国古语说：百年修得同船渡，千年修得共枕眠。美满的婚姻能使人幸福、健康、长寿，离婚总会伤害双方，特别是以伤害一方为代价的离婚，是不可取的人生选择。

在人走到晚年，当坐在老伴骑行的单车上或是推着的轮椅上，一定比坐在雇来的司机开的豪车上幸福。

任何婚姻都少不了沟沟坎坎、磕磕绊绊、吵吵嚷嚷，但必须离婚的矛盾极少。美满的婚姻并不等于相敬如宾，也不在志趣如何相同，重要的是矛盾和问题总能找到达成一致的解决办法，争论的东西谁都不去坚持争出个短长。

夫妻之间，处理矛盾和问题没有什么灵丹妙药，要说有，就是沟通。沟通就必须放弃自我和个人至上，要站在对方角度考虑对方意见的合理性，适时放弃主张自己的意见，夫妻之间就没有达不成的一致，自然就会避免离婚矛盾的产生，才能成就和谐美满的终生婚姻。

第三章

自己

人出生来到这个世界,在父母的养育之下,逐渐长大成人,也逐渐有了自我,最终成为完全自我主导的自己。做自己,做好自己,首先要能为自己负责,这是做人起码的能力;其次要能为家庭成员负责,这是做人基本的担当;再次是能为国家负责,不管负的责任是大是小,都要有责任感、责任心,这是做人高尚的德行;最后是有突出能力的人敢为人类文明和正义事业负责,这是做人最崇高的道义。

(一)

人生最为基本的是把握好以下四个最重要事项,这是能做好以上"四个负责"的基础,也是正常人生的基础。

第一是保障自身安全。在安全上时时都要警惕,不被意外之事威胁到自己的生命。人类文明发展到今天,自然界对人的生命安全威胁已很少,更多的是人类文明本身的威胁,人类使用文明成果不

第三章 自己

当带来的威胁。

在工作和生活中，不管到达什么地方，处于什么环境，首先要了解不安全的因素、正确的行为规范、避险的具体措施。与人共处或合作，要主动告知他人不安全的因素，共同防御，因许多危险造成的伤害是大范围的，有些看似他人的危险，实际也是自己的危险。

其次，对危及生命或可能造成严重伤害的防范措施，必须做到绝对安全，不能抱有可以冒险的侥幸。

人要对自己的安全负责，这个责任和其他责任不同，其他责任可以推卸，可以指责有关责任者，但保障自身安全的责任不管是什么情况，都不能推卸，要时刻牢记，安全防范的责任，必须由自己全部负起，不要寄希望于他人为你负责。

第二是不能犯毁己一生的错误。人都会犯错，但不是什么错都可以犯。有的错误可以犯，条件是和其相关的事，在犯错误之后可以修正、可以继续、可以重新再做，或者可以放弃。就是说，错误造成的损失，不管是你自己，还是所在的单位及相关人均可以承受。三种错误不能犯，一是损及你人格的错。这种错误在你的生活和工作圈内严重损坏你的为人道德和诚信，后果是和你相关的人将会普遍认为你不可交往，不能共事和合作。二是断送事业前途的错。人生的舞台很大，但个人能够施展的舞台往往很小，有利于事业发展的条件不多。对你占据的舞台，要谨慎估量对你人生的价值的影响和毁掉有利局面的后果，有利的条件要珍惜利用，不可随意毁掉或随便放弃，严防断送事业前途。如要放弃，必须有更大的舞台和更有利的条件做依托。三是毁掉已有奋斗成果的错。人生苦短，经过一段时间的努力，取得成果建树时，人生将进入个人生活高质量阶段，或者有能力对社会、家庭负起更多责任的阶段，保持成果或继续发展应精心筹划，不能犯将成果毁于一旦的错误。

上述三种错误都可能毁己一生，对人生造成严重影响，可能改变人生向上和向好的轨迹，甚至成为持续向下的拐点。

第三是慎重做出每次选择。选择对人生的重要性等同于出身、天赋和良好的教育，共同组成人生发展的四大基础。正确的选择可弥补其他三项的不足，人生极为重大的选择有时比其他三项更为重要。

人的一生都会面临许多选择，必须培养自己的习惯，不管做出什么选择，无论这个选择多小，都必须慎重，都应评估：要不要做这个选择？这个选择有无更优的选项？这个选择如果错了将付出多大代价，可不可以承受？

重大选择的正确与否会决定你的人生和命运。人生就是以选择为节点的前行，如果选择正确，人生就会一步步向着更高、更广阔的舞台发展。

在任何社会和组织，有一些舞台具有更多的机会，在这个舞台上，被推上更高、更广阔舞台的机会较多，这是选择时首先要考虑

第三章　自己

的重点。如你所处的舞台不能很好施展自己的能力，又找不到更好更高的社会舞台，就要判断自己的能力，认为自己掌握自己的命运更有利，就应毫不犹豫地选择自己奋斗的舞台。否则就只能在这个舞台上等待机会，或者说，在等待中过好没有选择的时段。

比较重大的选择，就必须把握好选择的机会。首先要看清选择是否符合你的人生方向或价值取向，符不符合你的阶段目标。其次是仔细分析选择的有利条件和不利条件，有利条件是否足够支持你未来的发展。在不利条件面前，不能过分相信自己的能力，因为有些不利条件会限制你能力的发挥，或者扼杀你的能力。对自己奋斗的选择，要慎重评估选择前的有利条件可能转为无利或不利条件的风险，特别是在权力部门，不要把权力看作你的有利条件或能力。

做任何选择都不可草率，不能仅凭一时冲动。冲动做出选择是选择的大忌，可能断送你许多现实利益和未来利益，甚至前途。即使被迫做出选择，也不能冲动，要谨慎权衡，拿出时间，冷静思考，甚至进行适当咨询，找出最优选择方案或变通方案。

第四是懂得一分为二处理事情。任何人处理事情，在纷繁复杂的矛盾事物面前，要处理得好，立于不败之地，就必须有丰富的哲学知识、灵活应用哲学知识的能力，成为有总览全局、高屋建瓴、明察秋毫哲学头脑的人，但这样的人凤毛麟角。对普通人而言，不必苛求，要从实用学哲学、用哲学。一分为二是最为重要的哲学原

我的人生哲学

理,也是最为简单实用的哲学原理,人人都可比较容易地掌握,只要用心应用,就可受益颇深。

在普通人的人生中,过于重大的事、过于复杂的事不会多,如事事都能一分为二地看待、分析和处理,就基本能够较为正确地处理日常生活和工作中的几乎所有事务,同时也奠定了解决较大问题的基础。

一分为二处理事情,这是一个人最应该具备的能力,这个能力人人都要有意识地进行自我培养。培养这种能力并不难,人人都能做到。遇事要多思考,看到有利的、好的因素,就必须思考有没有不利的、不好的因素。在处理事情上,只看到不利的、不好的因素是错,只看到有利的、好的因素更是错。如果看到有利的、好的因素,就臆想万事大吉,毫无防范意识,常常会败在成事之前,会损失惨重。如果看到不利的、不好的因素,就什么事情都不敢做,畏手畏脚,将一事无成。如果在做事的过程中,看到的不利和不好的因素越来越多,不善于看清和利用有利因素,将犹犹豫豫,错失时机,常常办不好事或把好事办砸。

会一分为二处理问题的人,具有能够正反两方面看事情,甚至多方面看事情的能力,处事不会钻牛角尖,很少固执己见。心胸也会宽一些,遇事看得开,心态阳光。

不会一分为二处理问题的人,基本不能独立完成工作,即使比较简单的工作也难以圆满完成,而需要协作的工作也处理不好协作

第三章 自己

关系。在工作上容易一错再错，较为复杂的协作难以合作好。

在中华文化中，阴阳学说具有深奥而又实用的哲学智慧，剔除其唯心的内容，是高于一分为二的哲学思想。阴阳学说的二分法具有普遍的现实意义，阴阳相生、相辅、相克、相互转化的思想，揭示了世间一切事物产生、发展、变化的普遍规律，能够指导人们处理事情看得更远、更有高度、更有全局观。

以上四点对人生具有重大意义，不受外界特殊因素影响，做到正确处理，就会让生活安定有保障，一生平安，幸福度过一生。其中第一点和第二点保证你一生不会大起大落，自陷困境，甚至出现潦倒人生。第三点和第四点保证你能以较为阳光的心态、清醒的认知处理生活、工作中的事情，并把事情处理得基本恰当、正确，并获得一定成功。

（二）

社会性的人生可以说从幼儿园起步，人进入幼儿园就步入了社会，是人生的第一个突变。老师的爱、教育孩子的态度、对个别孩子的偏心或严厉、其他孩子的强势和弱势，都会在孩子的心灵中形成印记。

幼儿园是孩子感知社会的第一舞台，是孩子形成社会性行为能力和思维的重要人生阶段。幼儿园是孩子在父母呵护下进入社会独立生活的过渡，最重要的是培育孩子在一定的秩序下服从的意识和相互合作的能力。

幼儿园是孩子玩乐的场所，不是孩子学习的园地。一些以填鸭式教育为招牌的幼儿园，一些安排过多培训班的家长，他们的理念都是极其错误的。孩子一步入社会就被剥夺了自由的天性、结伴生活的权利、发展自我个性的空间，这是对社会行为能力形成的严重破坏。

孩子太弱势，自然不利于培养孩子自强自立的能力；孩子太强势，会使孩子产生欺凌的习性，影响其服从和合作性格的形成，对未来百害而无一利。特别是有的家长，知道自己的孩子强势，不但不纠正，反而鼓励，认为强势不会吃亏，这是万万不可取的。

服从意识对人生极为重要，是一个人能否自律和实现自我管理的基础。一个不懂得服从的人，最大的问题是不能听从别人的意见，难以明白什么是自己该干的事情，后果就是该干的事情干不好，这个后果对人生影响极为严重。在读书学习阶段，其表现是缺少自我管理能力，不能很好地完成学业。将来走向社会，给他人的直接印象就是缺乏自律，不能处理好人际关系，不能做好职责范围内的事情。对任何人都一样，服从意识建立得越早越好，这决定人生将起步早、发展快。

合作是现代社会人与人相处的最明显特征，在任何社会组织中，不合作和不会合作的人都不会很好地融入组织，更不会变成组织的领导者，要取得成就会很难。相互合作的能力要以自我为基

第三章 自己

础，以自我主张、自我判断、自我决定为基本内容。相互合作不管是以己为主还是以他人为主，都不可丢失自我，要有准确的判断，不可盲从。具有欺凌倾向的孩子，过于自我，合作缺少平等意识，同时，也不利于服从意识的形成，对孩子未来的发展最为有害。过于弱势的孩子，不利于培养自强的合作能力，但随着年龄的增长，绝大部分孩子会改变，基本不会影响正常的合作能力的形成。

在幼儿园，孩子还无法完全决定自我，却是决定自我的开始。培养孩子良好的服从和合作意识，一靠幼儿园合理的活动情景安排，二靠家长的正确引导，三靠孩子已有的个性。

培育孩子的服从意识和相互合作的能力是早期教育的关键，但文化知识的培养也必须重视，在充分考虑孩子兴趣、能力、智力的情况下，最基本的是抓好孩子的认字和数学计算。孩子在6~7岁之前，重要的是认字、简单的数学计算，父母要在这方面下功夫，只要孩子认字多，简单的数学计算好，就解决了孩子学习的根本，收到事半功倍的效果，孩子就不存在输在起跑线上的问题。有的父母出于自己对孩子早期教育的无奈，错误地认为只要报了培训班，就对孩子尽到了责任，就做好了孩子的早期教育，就培养了孩子的特长。特别是涉及孩子的特长，盲目培养，几乎全是错的，几乎没有不失败的，对孩子基本是有害无益。

进入小学，有的孩子发育早或比较聪明，在家长和老师的正确引导下，较早地完成人生跨越式蜕变。一是建立时间概念，做到遵

我的人生哲学

守时间、珍惜时间。二是具有责任感，认识到学习的责任，能够努力学习，追求好成绩。三是做事认真，追求完美。四是对学习的知识逐步形成思考的习惯。五是具有一定辨别是非的能力。

以上五个方面最好能够在小学期间全面形成，并且越早越好，如不能全面形成，那形成得越多越好。时间对每个人都是公平的，但由于时间概念的不同，时间在每个人那里的价值就完全不同。时间概念在激烈竞争和生存压力下最易养成，现在生活的安逸和物资的极大丰富，严重影响了小学生高效时间概念的养成。让孩子认识到学习是他自己的事，这是建立责任感的关键，对那些学习都拉着父母不能独立做事的孩子，一定要想办法改变。做事认真和建立责任感这两件事在小学期间要尽力完成，否则到了初中学习成绩就会大滑坡。要注重培养孩子认真阅读、书写工整、纸面清洁。阅读做到一字不落且不读错，书写追求字字都要工整且少出错字，行列齐整，不管是作业还是答卷要追求纸面干净，书写内容安排合理。

思考能力是一个人会不会学习的关键，在小学期间能否培养好孩子的思考能力，是小学老师教学的主要差距，也是家长辅导的主要差距。引导孩子对同一个事情多方面提出问题、多方法解答，或者多方面理解、多方面表述，孩子才会养成思考的习惯。只有具有良好思考能力的孩子，才能积累形成好的学习方法，才能总结出知识的要点，才能融会贯通地学习。一个孩子具有了一定的阅读理解能力，就会逐步有了辨别是非的能力，这对培养一个孩子

第三章　自己

的社会观察力是极为有益的。辨别是非的能力必须通过大量阅读形成，同时，父母和孩子对一些现实问题和孩子阅读问题的讨论，与这种能力的形成也有着直接的关系。

在小学期间，父母要特别注意的是如何安排课外学习，有的父母通过提前安排孩子课程的方法，给孩子创造学习的优势，这种优势难以长久，并且提前学了许多大几岁就自然会的东西，对孩子的后期发展难以产生有利的效果。有的父母过多的学习安排，使孩子失去了自由的时间，天真的天性被压抑，最容易造成孩子被动等待的个性，缺少朝气的心态，影响未来发展的进取心，还会增加叛逆期对抗父母的程度。如果给孩子安排的学习事项太多，造成孩子对学习的厌恶，对孩子的伤害将是终生的。

（三）

叛逆似乎是人生必然的阶段，不能正确地处理好孩子的叛逆期，对其人生的影响是巨大的。但必须认清，叛逆不是人类固有的，也不是人人固有的。在贫穷苦难的岁月，叛逆的孩子很少，如今那些不富裕的家庭里，叛逆的孩子也很少。现在叛逆的孩子多，大部分是一种社会安逸富裕综合征的表现。

由于社会的安逸和富裕，许多父母为孩子设计了过多的学习任务，超出了孩子的负担能力，造成了压抑的心理，加重了孩子的叛逆。叛逆就是独立抗争的爆发。

我的人生哲学

从人生角度讲,叛逆是独立表达认识世界的开始,也是表达独立自我的开始。父母和孩子都必须清楚,在叛逆期必须做好沟通协调,叛逆不能走向对抗。作为父母,不能不考虑孩子的承受力,向孩子一味加压。作为孩子,不能放弃和父母的沟通,或者走向愤怒的不对抗,甚至绝望的歧途。

叛逆期是人生最无助的阶段,可供沟通咨询的人少,除了父母很难再有其他人。自己没有足够的知识和阅历,判断是非的能力差,往往想到什么就认为什么正确,做起事来一条道走到黑,或者不管父母说什么,一概否定。

解决叛逆期的问题是孩子和父母双方的事,双方都必须进行冷静清醒的反省。特别是父母,基本是孩子叛逆的始作俑者。如果孩子出现叛逆,首先反省的是父母,必须改变的也是父母。父母绝不能把孩子的叛逆作为离经叛道进行压制,更不能一味要求孩子改变。父母一厢情愿给孩子安排学习,最可怕的是孩子学得越好,家长越是加码,不停施压。和其他孩子不停地比成绩,实为满足自己虚荣的贪欲,还自认为是为孩子好,不考虑孩子的兴趣、能力和承受力,还有他的个性,这是父母的愚蠢,不是孩子的愚蠢。

孩子叛逆,父母不管用什么方法,必须降低孩子的叛逆程度,这是解决问题的关键一步。只有走出这一步,才可打开孩子叛逆的心结。

作为孩子,必须理解父母的苦心,一切和父母对抗的事,都要

第三章 自己

有意识地进行反省。最重要的是反省自己和父母对抗，是因为事情不能做还是为了对抗父母不去做，不能做就和父母沟通解释，对抗父母不去做就要改变自己。作为孩子，必须有一个基础的认知：父母对你的爱是人世间最伟大、最无私、最无条件的爱，说明你的情况和想法，和父母沟通，他们会用爱去理解。在父母的爱面前，没有不可沟通的事情。和父母对抗是青春期最不可取的行为，特别是事事和父母对抗，那无疑是愚蠢的。

听取父母的意见和建议，有分歧的和父母充分沟通，是正确的选择，有利于你的成长，促进你的成熟，更早形成独立处理事情、解决问题的能力，更早具有人生发展的优势。能够主动听听父母意见，也是人成熟的标志、是智商较高的表现。和父母一味对抗，你的成熟就落后一步。

人在少年时期，就要建立清楚的意识，不管做什么事情，必须将首先做出是非判断作为人生的铁律。叛逆使人失去了这种理智。

相同智商者的人生差距基本在叛逆期形成，造成的差距越大，未来弥补挽回的可能性就越小。

叛逆期基本在10~20岁，有的孩子早，有的孩子晚，少数智商很高的孩子出现在10岁之前，甚至有的没有叛逆期。10~20岁是人生最重要的时段，是对人生具有决定性意义的阶段。父母必须谨慎关注孩子叛逆期的出现，要想法化解。叛逆期出现之前，父母对孩子的学习安排很重要。安排恰当，对孩子的学习和成长会起到良好的促进作用；安排不当，孩子出现了对抗或机械地遵从，父母就要高度警惕，需要及时调整，改变状态。

（四）

度过叛逆期，人生就确立了是非观，也具有了判别是非的基本理智，随着知识、阅历和经验的积累，判断是非的能力会不断增强。

中学和高中阶段是人生基础知识构建、学习能力培养、自我管理能力形成至关重要的阶段，不管哪一方面和同龄人造成差距，都可能是终生的差距。

在这个阶段的人生发展成不成功，最重要的决定因素是个人的自我管理能力，这是内因，也是主因。另外，还有两个外部因素，也很重要，一是学习环境，二是父母的扶助。

初中和高中阶段的知识是人生知识结构的底座，学深、学透规定课本中的知识，基础就会夯实。如能将各类知识融会贯通，基础就会打牢。如有能力学习课外知识，扩大知识面，增加知识量，基础就会提高。

之所以说初中和高中阶段的知识重要，是因为它是重要支撑，只要把这个底座打牢，不管你的人生走向何方，基础知识结构可以支撑你往很多方向发展，并且支撑你在选择的方向上走得更稳、更远。

第三章 自己

初中和高中阶段的知识奠定人的世界观、价值观和人生观，对三观的形成具有导向作用。知识学习的广度和理解的深度，对三观的形成有着直接的影响。知识学得扎实、理解得透彻，三观就形成得完整，你就会更早成熟，更早地主动观察社会、理解社会，更为主动和谐地和社会融合。

处于初中和高中阶段的每个人都必须确立以下意识：初中和高中正能量的课程内容一定要全面认真学习，这些内容是民族文化的魂，是社会进步推动力的精华，是确立正确三观的民族文化基础。不要被社会上负面的甚至丑恶的东西所影响，要用心理解和汲取正能量课程带给人生的启示，使之深深融入自己的血液，融入自己的三观。牢牢树立这种意识之所以重要，是因为这种意识还深深影响着人生态度。

初中和高中阶段的知识奠定你人生的方法论。初中和高中阶段的知识包含人类文明发展的脉络、科学发展的基础理论和实用科学技术，决定人生方法论的形成。对客观世界事物的观察、感知、认知、分析、判断、处理、应对等各方面，你的行为以什么样的三观和主观方法主导，基本就由这个阶段形成的方法论决定。初中和高中知识学得好，就会形成完整的方法论；学得不好，形成的方法论就不会完整，甚至错误。方法论既影响你的行为能力，更影响你成功或失败的概率，进而影响你人生所能到达的高度。

在初中和高中阶段的每个人都要把培养学习能力时刻记在心

我的人生哲学

上,以自己的学习成绩和学习效果不断检视自己的学习能力,发现学习能力上的问题,及时改进。

对学习能力影响最大的是对关键知识点的理解是否透彻、记忆是否牢固。不管是哪门课程,关键知识点是学好一门课程的钥匙,也是要害。找准关键知识点,理解透、记忆牢是学习能力的基本功,不能打折扣,但许多人在这方面犯错误,理解上似是而非,记忆上马马虎虎,应用上一错再错。

学习能力最重要的是联系的学习方法、综合的学习方法。关键知识点无论记得多牢,如不注重相互联系学、全面综合学,那也只是死记硬背,应用起来生搬硬套。

学习中一定要把知识点之间相互联系的知识理清,联系地记忆、联系地理解、联系地应用。每学到一个新的知识点,都要找找和已学知识点的关联部分,理解应用上的相同与不同,做到融会贯通,活学活用。

只做到联系学还不够,还要做到综合学。要深入分析相同学科知识点的相通性,不同学科间的互联性。在学习中要充分利用知识的相通互联,加深对知识的综合理解、提高对知识的拓展记忆,提高应用的灵活性。综合学习会培养一个人从全局观察问题、综合分析问题的能力,对大局观的形成具有重要意义。

相对一个初中或高中学生而言,自我管理能力并没有什么复杂的内容,第一是认清自己该干什么并把该干的事情干好的认知能

第三章　自己

力,第二是把事情干好的勤奋和努力,这是两个至关重要的方面。到了这个年龄段,不管学习环境如何,自己没有意识到该把学习搞好,是许多人失败或落后的重要因素,因为你没有干你该干的事,或者没有干好该干的事,不管什么原因,这都不是一时一事的损失,而是人生的损失,损失大就难以弥补,会对你的人生造成持久的影响。

不知道自己该干什么或认不清把该干的事情干好的重要性,自我管理能力就没有了方向和目标。在初中和高中阶段的学生必须十分清楚,努力学习和把学习搞好几乎是你唯一该干的事和唯一该干好的事。为此,你必须尽最大的努力,始终坚持尽力做好。

自我管理能力的具体体现就是勤奋和努力。勤奋和努力与从小养成的学习习惯有一定的关系,但重要的是初中和高中阶段形成的勤奋和努力的主观意识,以及沉静的心态。勤奋和努力是这个人生阶段责任意识的重要表现,一个初中学生必须认识到,你已到了负责任的年龄,必须在学习上主动负起责任,做到勤奋努力学习,进而对家人和社会负起责任,否则,你就既没有对自己负责,也没有对家人和社会负责。为此,你还要承担不勤奋、不努力导致学习成绩差给你带来的后果,也要承担没有养成勤奋努力的习惯,所带来的事事都不可能做到完美的人生后果。

当今社会,几乎所有人都会完成初中教育,绝大部分人都会完成高中教育。毕业后,一部分人直接参加工作,一部分人进入更高

我的人生哲学

学府继续学习。但不管你未来的人生轨迹如何，都会带有初中和高中自我管理能力是好是差的深深印记。

部分人因环境的原因或某些条件的原因，没有进入或完成初中和高中的学习，这对人生是莫大的损失，严重影响人生的发展。还有一部分人，在初中或高中阶段，因为社会或家庭的原因中断或严重影响了学习，想学而无法把知识学好学扎实，不能成功地走好这段人生路。这部分人中，一些聪慧而又努力的人通过在工作实践中的不断学习，很好地弥补了初中和高中的不足，同样走出一条成功的人生之路。

有的家庭，父母在学习甚至处世为人、做事方式方法、奋斗前行的方向等各方面，能对孩子提供帮助，有的父母的帮助优于学校的教育，这对一个初中和高中阶段学生的成长特别重要，可以说这是和同龄孩子拉开差距的先天条件。自我管理能力强的孩子会充分利用这个条件，从而少走弯路，并能更多地走捷径。

（五）

在这个人类文明高度发达、社会分工精细的社会里，每个人的人生轨迹都没有一定成规，但为了更为成功的人生，必须修正自身，不断完善自我，才能登上更大的人生舞台或把握成事的机会。

修正自身包括许多方面，但重要的是以下六个方面：确保身体机能健全、练就完美的德行、正确设定欲望、管控好意念和情绪、

第三章 自己

正确理解自由、正确处理等待和改变。必须从小做起，还要有意识地实施。

确保身体机能健全。身体机能包含两个方面，体力劳动能力和脑力劳动能力。两种能力，体能是基础、是根本，有一个强健的体魄最为重要。脑力劳动能力价值的实现必须以体能为基础。在科学技术高度发达的今天，成功的人生，更多的是体现在脑力劳动成果，而非体力劳动成果。一个人能够做到体能强和脑力优，才会更易实现成功的人生。

身体的健康是终生都不可大意的事。从母亲优生优育怀胎开始，父母就要对孩子的健康精心呵护，孕期要了解可能造成胎儿发育缺陷的知识，尽力防范。出生之后，根据孩子的体质，科学照料和喂养，防止因为照料和喂养的错误，给孩子造成终生的体质问题。特别是体质弱的孩子，父母要付出更多的精力，通过精心养育，注重饮食调理和适宜的活动或运动，使孩子的体魄强健。

养育孩子，父母切记的一点是不要孩子稍有不适就看医生，采取治疗措施，这会严重损害人体免疫力，造成孩子体质弱。孩子有小毛病不要怕，让他扛一扛，做到自然痊愈，尽力发挥自身的免疫功能，尽力提高自身的免疫力。

到了初中和高中阶段，随着自我管理能力的提高，要把学习和身体锻炼安排合理，不管学习任务多重，压力多大，都要安排一定的运动、锻炼时间，一是锻炼身体，二是调整学习时间，提高效

我的人生哲学

率。这种运动和锻炼，在青少年时期就要坚持下去，最好依靠自己的意志力强制自己，或坚持一段时间后成为一种习惯，这对人的体魄和意志是一种终身受益的锻炼。

在少年和青年时期，每个人都不要过度消耗自己的精气神，并将其作为人生最大的禁忌。过多的人为了学习、工作或某种爱好，长期没有任何运动，久坐不起、过度熬夜、极度缺少睡眠、生活规律严重失衡，过于消耗了自己的精气神，使身体长期处于疲惫状态，体质下降，严重的还会影响身体的正常发育，为中年和晚年的多病埋下隐患。更为严重的是，有的使身体机能受损，直接造成体质弱，体力不支，给今后的学习和工作带来不便，影响生活的质量，甚至造成某种疾病缠身。

人的体能和大自然有着密不可分的联系，一生都要时刻记得亲近大自然，主动融入大自然、享受大自然、从大自然中受益，过好顺应自然规律的生活。人是大自然的产物，顺应大自然的生活是人生健康的第一需要，也是第一重要。不管你生活在热带、温带还是寒带，要把自己主动置于自然之中，吹春风，看秋月，冒酷暑，耐严寒。晒太阳，观山水，雨中呼吸，雪地行走。随着自然的脉搏心跳，伴着自然的温度起舞，跟着自然的声音欢笑。

脑力劳动能力的价值实现必须有知识、有智慧，但只有站在人类知识顶端的人，才有创造发明、开创技术理论新领域、推动社会新进步的智力能力，为人类社会创造无限的价值，也为自己创造巨

第三章 自己

大的价值。对一般人而言，就是如何学好知识，应用好知识，创造价值。知识是脑力劳动能力的基础，任何人都必须努力学习知识，充实头脑，提升智力水平。

一个人有知识、有技能，才会有能力。不管在什么团体，即使是顶尖的科技团体，你掌握的知识哪怕是世界前沿的科技知识，如仅是团体的基础知识，就不构成突出能力的支撑，只是单位知识的门槛和常识而已。要有超过团体平均水平的能力，就必须掌握团体最需要的多项知识。如不能做到，最为简单的方法就是把你负责工作的知识学专学精，做到运用自如，处理事情和问题不出专业偏差和错误，从而形成最基础最现实的能力，成为你负责工作的实际决策者。许多年轻人在这个事情上常犯的错误是对负责的工作觉得简单而不上心，或者好高骛远不认真，对自己的事情始终似懂非懂，工作做得拖泥带水、漏洞不断，结果是聪明的领导不会用你，愚蠢的领导不敢用你。

由于科学的进步，各种知识的关联和融合越来越深、越来越紧密，稍微复杂的工作就会涉及多学科、多专业，要善于认清所做工作的关键知识，学专学精，不断扩大精专的范围。坚持达到一定程度，就会成为团体中的谋全局者，成为一个有能力的人，成为一个有智慧的人，成为一个能做大事的人。

如能掌握团体最需要的多项知识，学专学精，参与团体的任何工作，你的能力都会自然显现，你对团体的参谋或智囊作用就会充

我的人生哲学

分体现,你就会成为团体离不开的成员,成为核心决策者的可能性就大增,升迁的机会就会大增。

对知识的追求,要知道"十事半通,不如一事精通"的道理,围绕所做工作精通相关知识,提高做事精益求精的技能,不断向成为自己所从事工作的专家方向迈进。

一个人不管在哪个行业工作,到了一定年龄,如满足于工作现状,又能看清绝对不会受到后来者的冲击,只求稳定度日,不失为一种人生选择。但相对于年轻人来讲,要避免平平庸庸、碌碌无为,要追求进取前行,就必须有专于他人、精于他人的知识,或高于他人的技能,才会有更多的机会,有更快进步的可能。

练就完美的德行。德行好,让周围的人认可是一个人处世立身的重要方面。要使自己德行完美,在德行上就要有所顾忌、有所敬畏、谨言慎行。

有的人在德行上无所顾忌,不考虑他人的感受,也不考虑对自己造成的后果,这是立身大忌。人的社会性主要就体现于德行,良好的德行使社会更加和谐,良好的德行使家庭更加和睦,良好的德行使个人更加有为。

事事都有责任感是德行的至要。不管是分内之事还是分外之事,你言行所及之事都要从负责的高度诺其言、履其行。只有有责任感,不管做什么事才会认真、用心、尽力,不管对什么人才会讲信用、肯付出、能担责。

第三章　自己

有责任感才能使人为他人着想,从他人角度处世。在这个高度合作的社会里,才能够扩展人脉,加强合作关系,提高合作效率,增加做成事、更加完美做事的机会。责任感还能减轻一个人的贪欲之心,减少贪欲所带来的不良后果。

有责任感,多为别人着想,成了习惯,你就会成为一个高尚的人,一个心理健康强大的人。

尊重他人是德行的基本素养。尊重他人是一个人德行最直观的表现,如同挂在脸上的表情。不管你地位多高,也不管你多么富有,都会和形形色色的人打交道,不管他是家人、朋友、同学、同事、合作伙伴,还是对手甚至是敌人,也不管他地位高低、是否富有,都应以平视的目光,给予其充分尊重。

尊重所有人是德行的最高素养,装不出来。这种最高素养一是来自从小父母等人言传身教的品行教养,二是来自不自弃不自大的高度自信。尊重所有人,才会显得温文尔雅,才会显得有涵养。

尊重他人和礼让他人是分不开的,礼让他人会展示一个人更好的德行涵养。礼让才会尽显为人绅士风度、谦谦君子气度。

但必须切记,尊重他人不是迎合他人,也不是对所有人都好。

成人之美是德行的最高境界。做人要成人之美,不做损人利己之事,更不做损人而不利己之事,绝不做落井下石之事。面对和平共事的同事、公平竞争的合作伙伴,人人都要从善相处。从长远而言,助人者即自助。现实看,许多事只有他利,与自利毫无相关

我的人生哲学

性,但助人者必有回报,非此即彼,放宽心胸,乐助他人,实为一种自利。如能成人之美,能助则助,不应袖手旁观。

给人留有余地是德行的高站位。除非必须赶尽杀绝的敌人或残暴的对手,在你处于优势可以定夺一切的时候,要给人留有余地,该退让时就退让,不可争强好胜,断人前路,自断后路。对直接的对手要留有生存的空间,对直接的敌人也要区分对象的不同和斗争时段的不同,也有斗争、统战、合作的区别。

不可损害他人是德行的底线。面对你的亲人、朋友、同事、合作者、陌路人,不管在什么情形下都不应对他们做出无谓的损害。在利益面前首先考虑能否做到互利,不可损人取利。不能有嫉妒之心,不能见人有好即起歹心、鄙视仇视,甚至为损他人不惜造谣生事。对遇困犯错遭难的人,特别是受到冤屈的人,不能幸灾乐祸,更不能有意再踏一脚。

正确设定欲望。中国古代智者老子说"祸莫大于不知足""知足不辱,知止不殆"。耻辱、危险、灾祸都和人的欲望直接相关,都是人生大忌,应尽力避免。人的欲望需要管控,必须严防灾祸降临,最有效的方法就是正确设定自己的欲望。

人生在世,七情六欲需求多多,自然会产生形形色色的欲望,但欲望不能凭空想象,更不能任由设定。欲望必须针对自身现实设定,符合现实的欲望才可实现,不空想才会远离不知足的人生悲剧。

第三章 自己

生活欲望是人的基本欲望,也是人生欲望的主要部分。生活欲望的设定应以俭为原则,切忌以奢为追求,不管你有多高的社会地位,也不管你有多大的个人财富,都应如此。俭奢二字对人生的影响至深、至重,俭似天使、奢如魔鬼。

俭是颐养天性的维生素,俭是守正灵魂的净化剂。俭使你的天性不会畸形,使怒、恨、怨、恼、烦合于德、合于礼、同于仁,天性更加阳光,心胸更为大度。俭使你的灵魂得以洁净,使你的精神世界更加安于自然,更加追求智慧的享受,不患得患失,不被物役。

俭永远不会使人自满、自傲、自负,更不会目空一切。俭还会使人永远不自卑、自弃。俭能使人心态积极阳光,做事脚踏实地。

奢是灵魂的魔鬼,天性的毒药,人一旦掉入奢的魔窟,天性很容易扭曲,私利的欲望之火将越烧越邪恶。奢极易毁掉一个人奋斗的成果,也会消磨人的奋斗意志。奢会让人堕落,会让人陷入不劳而获的想入非非之中。追求奢侈之人不仅不知足,还粉饰不足。

名利欲望过强会迷乱一个人的心智,即使再聪明的人也会迷失自己,在追求名利的手段上会无所不用其极、会丧失道德底线。

很多高智力、学识渊博之人更关注自身的名和利,并通过各种社会活动和机会在名利场角逐。获取名利的人分为两种,一种是把事业放在名利之上,为了事业会奋不顾身,成功者名利双收;一种是把名利看得重于一切,不择手段,甚至在民族大义和大是大非面

我的人生哲学

前放弃人格和尊严。

名利的欲望设定要充分分析你的能力智慧水平、自身财力和外部可利用的资源。能力智慧水平是决定因素，既决定你名利设定得是否恰当，也决定你名利的目标能否实现。自身财力是名利欲望设定后实施的条件，有一定的财力有助于实现目标。外部可利用的资源决定名利欲望实施的起点和实现的快慢，资源多既能高起点实施，又能加快实现的速度。

名利的欲望设定过高，最严重的后果不是无法实现，而是极易毁掉已有的成果，甚至迷失人生奋斗的正确方向。

管控好意念和情绪。意念和情绪在人的一生中是至关重要的心理因素。任何人对外部世界的反应都会受意念的主导，根据每人天性的不同，意念有的正面，充满信心和不责于人的正能量，有的负面，多是缺乏信心和责于他人的负能量。有的人总是有一种做不好事的意念，严重影响做成事的信心和事情做好的结果。有的人总有他人都和其作对的意念，严重影响和他人合作及共事。有的人对外部世界的一切都感到美好，对待任何事情都有一种信心十足的意念，大大提高了做成事做好事的几率。

意念产生于人的潜意识，作用于人的内心，直接影响的是心境。意念正面的人心胸宽广、易于合作、易于把事情做成、易于把事情做好、易于把事情做到完美。意念负面的人缺乏热情、心境消沉、处事被动、做事缺乏善始善成的主动，遇到困难总是强调外界

第三章 自己

于己不利的因素。

正面、积极的意念就如同人生的推动器，提高你的信心，燃起你的热情，激发你的斗志，成就你的事业，点亮你的人生。负面、消极的意念就如同人生的绊脚索，消减你的信心，减少你的热情，消磨你的斗志，毁坏你的事业，影响你的人生。

意念消极的人对自己身体和心理的问题以及出现的困难和挫折有明显的放大作用，会使不是问题的问题变成问题，小问题变成大问题。消极意念使人在困难和挫折面前看到的多是不利，让人失去信心，令人消沉，甚至一蹶不振。消极的意念对身体健康极为有害，有些疾病在积极意念的影响下会自然痊愈，但在消极意念的内卷下，会加重或恶化。

情绪受诸多因素的影响，直接作用于言行，言行受情绪的支配。一个人能否很好地管控情绪和恰当地做出情绪反应是一种能力，恰当做出情绪反应既是好的德行的表现，也是好的素养的表现，会在社会交往中为你赢得赞誉，会成就你过人的情商，会凸显你已有的能力。

对任何事情都不能情绪化，这会影响你与他人的沟通和合作，更严重的是影响他人与你沟通和合作的意愿，严重情况下还会被孤立，这将使你失去做事、成事的机会，也会失去成功的机会。

正面、积极的意念会充分发挥人的内生潜能，正面、稳重的情绪会充分调动人的外在能量，对一个人的人生事业和成就影响极

我的人生哲学

大。任何人都要很好管控意念和情绪，时时检讨自己的负面意念和情绪，不断克服和修正，赋予内心和外在行为正能量，保持意念、心境、情绪的和谐和阳光。

正确理解自由。一些人过分强调个人自由，以自我为中心，把任性、放纵当自由，要的是任我自由、不被干涉。而他的不被干涉，却恰恰干涉了他人甚至侵害了他人的权益，更有甚者突破了道德底线、法律禁区。

世界上没有绝对的自由，特别是在高度文明的现代社会，人与人之间的关系不只是各种联系更加紧密，还是人际关系网络更加广大和联系更加广泛。

在普遍联系和做事更加需要合作的当今世界，过多强调个人自由的人，往往和社会格格不入，不管在什么群体，很难和他人建立融为一体的合作关系。这种以自我为中心的自由，造成的直接后果就是被孤立，甚至在许多事情上被社会抛弃。

正确的自由观是你的自由要充分考虑他人的自由不被干扰或侵害，你的自由是有自我约束的自由，是建立在他人的自由被你充分尊重的基础上的自由。一个理性的人在自己的自由和他人的自由发生冲突的时候，考虑更多的是他人的自由，而非自己的自由，只有这样，你的自由才会成为一种具有社会价值的自由，才会成为你具有人生价值的自由。

正确处理等待和改变。人生可以比作一次越野的长跑竞技，不

第三章　自己

能一味地奔跑，需要奔跑的技巧，该冲时冲，该慢时慢，该停时还要停。人生最重要的是有时需要等待，有时需要改变。

等待就是等待恰当的时机或是转机。人生的路充满困难和坎坷，绝不能随心所欲，在机会和时机未出现时要学会等待。设定了人生的方向和目标，就要坚定地前行，但准备不足，时机不对，不该开始的时候开始了，事情鲜有不失败的。有的人不知等待的必要性，做事无谋划，不谨慎，不能分析做事的利与弊，在懵懂和冲动中开始，甚至鲁莽开始。在前行的路上有时需要补充自身的知识和智慧，有时需要准备必要的外部条件，有时需要不可缺少的时机，这都需要等待，对什么事都一样。

等待是一种智慧，人生的大智慧。做任何事情之前，不管处于顺境还是逆境，都必须多多分析不利因素，多多思考做事的困难，条件不成熟就必须等待。不能被动地等待，要时时努力转化不利因素，为成功做好准备。

中国古语说：穷则变，变则通，通则久。当人生出现严重困难，特别是走到了绝境，没有周旋的余地，就必须谋求改变，变才会使人生获得新的生机。但当更好的机会出现或客观条件发生巨大变化时，也应改变，这不是因"穷"而变，是主动谋变、主动求变、主动应变的常理，同样符合变则通、通则久的哲理。

人生路上的任何改变都必须慎之又慎。处于绝境的改变，必须断然抉择，如有多种选择，必须权衡各种选择的起点高度，分析与

我的人生哲学

人生方向和目标的适配度,做出正确的选择。主动谋变求变之变,不可轻易做出,更不可任性做出,极不可取的是一变再变。必须防止人生事业路上大转向的改变,防止又回到原来起点的改变,造成重新开始,这是人生的极大浪费。每一次改变,都需要全面评估改变后的起点高度,不要过多考虑物质的利益,有志者要认真考虑人生目标,新的起点高度最好不低于原有起点高度。

因国家需要,个人必须做出人生的改变,个人就要服从国家利益,该做出牺牲时就做出牺牲。

(六)

女人和男人各为人类的一半,但在现今文明的社会舞台上,女人和男人做好各自的自我,女人面临着更多的挑战。一个女人要能够活出自我,活出幸福、活出信心、活出自由、活出精彩,重要的是要成为一个受人尊重的人。

美丽、妩媚(性感)、华贵都是女人的天生之美,并且是美的三重境界。

一个女人只要身材、五官和肤色美于大多数人就是天生丽质。天生丽质是上天对你的特别眷顾,是天生的资本。

但这不一定就能为你带来成功和幸福。正确利用自身之美,变成自己的资本,将自身丽质变成多彩人生的一部分,切忌孤芳自赏,更切忌时时事事都不忘利用自己的美色。自认为我很美或我比

第三章 自己

别人美，我的美时时都吸引着他人，这种对待自身丽质的心态，会扭曲和他人的交往，更何况许多人并不怎么美。时时都不忘利用自己美色的人，不但不会使你得到更多，反而还常常会把本该得到的失去，在婚姻中难以得到如意配偶，在职场也得不到尊重。过高估计自己的美色，还会带来更糟的人生。

妩媚（性感）是女人特有的体态美，具有一种特别的诱惑力。女性的妩媚（性感）是性在体态上的完美体现，这种视觉冲击具有不可抵挡的魅力。

女性的华贵之美是一种天然之美，是天性的自然流露。和女性的妩媚（性感）之美相比，虽然都是天生之美，但华贵之美令人起敬，让人心生敬畏。女性的华贵之美和妩媚（性感）之美，皆可遇不可求，是女性丽质的精粹。

美丽不仅仅是女性自身的丽质。一个女性，天生丽质很重要，但没有后天的良好素养涵养，就不能成为美丽人生的一部分。要使丽质成为美丽人生的一部分，就不能因丽质而张扬自傲，也不能故弄娇羞媚态，要用活力增彩天生之丽质，用知性美涵养天生之丽质，用处世的能力和智慧为天生之丽质增辉。缺少天生丽质的女性，也可成就美丽的人生，但后天的努力要付出更多。

一个女人健康、知性、文雅，就会被人尊重。

一个让人敬重的女士，必须要有知识。腹有诗书气自华，对一个女士尤为重要。知识对女性而言，胜过化妆品百倍，胜过华丽的服饰百倍，知识会使女人达到全方位的美，内在、外在、谈吐、举止，都会因知识产生美的更多内涵，让美更有底蕴和魅力。

健康是女性要高度重视的自身因素，包括机体的健康，也包括心理的健康。一个健康的女人才能充满活力，活力是女人美的重要内涵，活力使女人充满青春气息、使美光彩四溢、使青春不老。机体的健康会使一个女士有更广阔的社会舞台，在社会交往中更具合作的吸引力。女性的心理健康更易受到影响，要加倍呵护。健康的心理会使人谈吐、举止适度，保持一个女士优雅的气质。

知性是内在文化修养和外在气质的统一表现，一个女士的知性美，就是让人在交往中深切感受到女性修养的温柔和女性气质的温婉。知识是知性的文化基础，稳重是知性的修养根基，知性会使一个女士倍受敬重。外在的任何骄横、造作、轻浮，都是知性的大忌。

文雅是女性外在美的最高境界，高于天生丽质之美。文雅的女士不管出现在什么场合，都会受到欢迎和瞩目。雅之表现：无媚俗造作之态，无阳刚之骄横，举止端庄，言行有度，礼让有加。

一位女士如天生美丽或妩媚（性感）、华贵，进而知性或文雅，就会成就人生的最高境界，被尊为女神或惊为天人。

第四章 他人

一个人一生要和形形色色的人相处或合作，处世的学问就是如何与人相处好或合作好，而不是如何摆脱掉他人，许多人是摆脱不掉的。你的家人必须终身相处。单位的同事就是合作共事的伙伴，多数要长期合作，不可能想摆脱就摆脱。所以，关于他人的人生哲学关键就是如何与之相处和合作。

人与人相处和合作的原则：包容、谦让、平等。包容是最高原则，说教是最大禁忌。谦让使人亲近，傲慢使人疏远。平等待人受人尊敬，居高临下让人厌恶。

相处力求融洽和和谐，人人都感到轻松和愉快，大家都能快乐。你能成为快乐的主角，就设法让每个人都融入你主导的快乐。你成不了快乐的主角，就做好配角，为快乐的气氛添彩，切不可自己既不能和他人快乐相处，还给大家相处带来别扭，甚至有意搅局。

合作力求共赢和借力。主动与人合作就要给予给你带来利益的

我的人生哲学

人利益，这利益不管属于你个人还是和你相关之人。被动与人合作是因为你有能给他人带去利益的资本，这资本不管是你的人力还是你的物力。必须切记合作不是无本生意，更不是天上掉馅饼。

合作必有强者、弱者、实力相当者，要尽力寻求强者，只有强者才可借力。当与实力相当者合作时，最易实现共赢，但必须建立共赢的合作共识。当与弱者合作时，要寻求共赢的合作方式，让其借力的同时，最大限度为你所用，争取最大的利益。

只有和他人相处和合作得好，一个人的人生才会取得成就，才会幸福，才会活出精彩，才更有可能为社会和人类做出更多贡献。

（一）

家人是人生最早相处和合作的人，家人对任何人都很重要，他们不仅养育你成长，更重要的是决定你人生起点的高低。

一个人懂事之后，应首先明白，家人对你所做的一切都是没有条件的，他们不会要求你必须付出，这是人生中最珍贵的，内含世间最纯真的爱心。你要心存珍惜和感恩，这是和家人和谐相处的基石，也是你快速走上人生正道的开端。

把家人所做的一切看作是应该、必须，这是大多数孩子皆有的心态，在物质条件比较好的家庭更属于正常。但是，在物质条件比较差的家庭，作为家庭中的一员，应尽早了解和思考家人为你做的这些应该和必须的事，他们背后的付出和放弃，要思考他们付出背

第四章 他人

后的代价，要思考他们放弃背后的牺牲。有些父母的牺牲是巨大的，有的人为了孩子几乎付出了他们的所有，有的人为了孩子放弃了他们几乎应享受的一切。

有的孩子有着较强的虚荣心，总在比较中生活，时时认为家人为其付出的总是不够，看不到家人已经为他做了能做的一切。甚至到了应该独立生活的年龄之后仍然很多年不停地向家人索取，看不到家人背后的辛苦，更看不到辛苦背后的辛酸。

有的孩子出现严重的叛逆，把本应水乳交融的家人关系，硬生生变成水火不容的对立关系，甚至敌对关系。对许多人而言，叛逆虽是与家人的矛盾，但其实是他与人相处和合作所犯的第一个错误，或许还会成为人生的大错。一些孩子的叛逆导致个性向错误的方向发展，甚至发展成个性的缺陷。缺陷的主要表现有：一是自私，自私的禀性过强，事事以自我为中心；二是没有感恩之心，不管谁对他的付出都认为应该甚至不够；三是漠不关心他人，没有责任心；四是缺少自强的心性，遇到困难就退缩；五是我行我素，做事不计后果。叛逆的孩子必须认清叛逆是一种错误，不及时进行纠正，就会一错再错，如果存在以上五个方面的一个、几个或全部，人生的开始就以错误的方式起步。最可取的是对以上五个方面及早主动反思，及时调整，尽早走出叛逆。

和孩子相处是人生最为特殊的相处，你的内心不能有一丁点的自私和邪恶，在无条件的付出中，不能没有原则无限度地满足孩子，

我的人生哲学

最忌讳的是用满足孩子的索取换取他的满意，或者说换取他的合作。养育孩子，培养他和人正常相处和合作的能力，最基础的是尽快培育他的感恩之心和责任心。为什么贫困家庭的孩子能更早当家，因他更早地建立了责任心，知道为家庭分忧。为什么贫困家庭孩子的孝心更让人感动，因他从小就懂得了生活的艰辛和父母的不易。

感恩之心是一个人为他人着想的开始，它不同于孩子之间玩乐时的互让和跟随，也不同于孩子对父母的取悦和屈从，是人与人交往中爱心的萌生，是自私自利的自我蜕变，是回报他人的潜意识。这种潜意识既能成人，更能成己，对未来走向社会极为重要，是人生正确价值取向的重要基础，能使人尽早确立做事要利于家庭和社会的价值观。

培养孩子的责任心要从培养和支持孩子自己多做事做起，重要的是他做事的积极心态和主动行为。培养孩子责任心最忌讳的是在孩子懂事后的几年里，夫妻之间时常为了"这事我不管、那事你负责"斤斤计较、时常争吵，在孩子心灵上留下遇事推给他人的消极影响。做事有积极心态和主动行为是一个人建立责任心的起点，积极和主动会使孩子养成对自己负责的习惯，积极、主动加感恩之心会使孩子承担对他人应有的责任。

（二）

一个人步入社会，要正确看清他人，才能正确摆正自己，他人

第四章　他人

是正确摆正自己、如何为人处世的参照，确保把参照看得清楚、准确和正确至关重要。芸芸众生，他人千千万，正确看待他人，看清人心，实为为人处世的终生难题。

看人看什么，最重要的是德行、诚信、责任心和能力，这四个方面就可比较完整展示一个人的为人。按此对人进行分类，大致如下。

德行分类：一是对所有人行善事善举，不损人、不害人；二是只对有用之人付出，甚至讨好、献媚；三是对下属特别是老实人傲慢甚至欺凌；四是为己不择手段。

诚信分类：一是讲信用，对所有人以诚相待；二是对有用之人察言观色，做事目的性明显，甚至见风使舵；三是什么便宜都占，能利用的人都极力利用；四是需要说谎就说谎，肆无忌惮。

责任心分类：一是对所有人、所有事负责；二是只对有用之人、有用之事负责；三是对应负责任之人、责任之事缺乏负责心；四是妒忌他人，甚至落井下石。

能力分类：在人与人之间，能力的差别极大，能成就大事的人或说具有伟人潜质的人，以下几种能力非常重要。一是见微知著的洞察能力；二是纵览全局的战略能力；三是处理复杂局面的谋略能力；四是对变幻莫测局势准确的政治判断能力；五是哲学抽象思维能力。普通人的能力，或者说处理具体事务的能力，我们不必看得过于复杂和非凡，简单分类就行。一是具有触类旁通的能力，不管

我的人生哲学

什么事,都能提出比较清楚的处理应对思路;二是具有综合分析决断能力,处理解决问题能从全局着眼;三是具有处理具体事务的能力,对负责的事情,通过阶段性工作,能正确处理,基本胜任;四是不具有独立做事的能力,不能综合分析判定,干任何事都理不出条理,总是处在变化不定中。

按照以上四个方面去观察一个人,就可基本认清他的德行和能力,就可有分寸地决定和他相处与合作的关系。

不管和什么人接触,最重要的是快速识别两种人,高尚的人和卑劣的人,这两种人是好人和坏人的极端,绝大多数人是介于这两种人之间。这两种人具有鲜明的个性,能做到两面人很难,因此极易识别。高尚的人一般是阳光、积极、大度、心胸宽阔、乐于助人;卑劣之人一般是阴暗、消极、小气、心胸狭窄、损人利己。对其他人就看他的个性更多地接近高尚之人还是卑劣之人,以此判定他的德行和为人。

简单来讲,阳光多是善意的内心反映,卑劣之人是很难做到阳光的。积极和阴暗最不容易辨别,特别是阅历不深的年轻人。积极要看是对工作挑挑拣拣的积极、在领导面前的积极,还是对所有事情的积极,只有对所有事情积极才是高尚的积极。阴暗要看言行是否总是带着对他人的贬低,特别是对有能力有成绩的人总是有一种不屑,也绝不能把少言寡语的人看成阴暗。

要快速了解一个人,看其是否可交,甚至是否可作为人生另一

第四章 他人

半的选择，第一看他是否守时，一个连时间都不守的人，什么信用都不会守，并且缺乏尊重他人的德行，也缺少责任心。第二看他如何对待自己的父母，一个连父母都不孝的人，就不会对其他人真心相待。第三看他如何对待自己的孩子，一个连孩子都缺乏责任心的人，对任何人任何事的责任心都不会太强。第四看他如何对待他的上级和下属，差异很大就很难平等相交。第五看他做事是否有决断力，表达意见是否干脆利索。上述五条中的第一条是看人最重要的一条，是否守时是做人最基本的行为准则，是看人最简洁的一条，可快速看清一个人德行靠不靠谱，可否长期相处和合作。

对一个年轻人来说，将来能否做成事，还要看他对待工作是否认真细心，他对接触到的事能否积极学习和了解，和人沟通是否表达清楚准确、有条理。

（三）

针对不同的人，要有不同的相处策略，不可一视同仁。

与领导的合作是最重要的合作关系，也是最复杂的合作关系，不像干好工作、处好同事那么简单。认真观察研究直接和间接领导的禀性、为人、德行和能力十分必要，这既有益于做好工作，也有益于和领导处好关系和把握好相处关系的度。

和领导合作好、处好关系是复杂的人事行为，既敏感又微妙，但最重要的是服从和尊重，这是基础也是关键。

我的人生哲学

领导和被领导是普遍的社会组织关系，被领导者服从领导不是服从领导者个人，而是服从组织。从组织的关系上讲，服从是绝对的，不服从是相对的。但任何领导都需要服从，服从是和领导处好关系的第一要点，不服从领导是对领导最大的挑战，直接挑战了领导的权威，这是任何领导都不会接受的。

服从要以做好工作为基础，出色完成分内工作，保障团队利益不因你的工作受损，保障领导职责诉求不因你的工作落空。不管什么样的领导，你在工作上服从，并有超强的执行力，即使没有达到其全部的期望，你也会得到认可。能力是和领导合作好的资本，更是让领导认可你和使用你的资本，没有能力工作做不好，甚至造成大的差错，服从就无从谈起。

尊重他人是和他人处好关系的第一有效行为，也是和领导处好关系不可缺少的最重要行为之一。尊重是人人都需要的，领导更是需要，特别是那些有能力危机的领导极为看重。对领导的尊重，第一，服从是最重要的尊重，是对领导不可缺少的尊重。第二是认真倾听领导的讲话和记清领导的要求和指示。领导讲话时，下属心不在焉或者做其他事情，这明显是对领导的蔑视。领导安排的事情或提出的要求，没有牢记在心，该做的没做，该执行的没执行，甚至一切都抛于脑后，这明显是对领导的大不敬。第三是维护领导的权威和形象。在正式的场合，不管什么情况都不能公然否定领导的意见，更不能顶撞领导。领导的形象不能背后损毁，更不能当面损

第四章　他人

毁。那些以损毁他人为能事者必是是非之人，经常损毁领导者必是自大狂傲之人。第四是任何事情的完成，领导亲力亲为共同完成也好，领导放手由下属独立完成也好，都体现了领导的领导艺术，若以功劳论，都是领导者的正确，功在领导毋庸置疑，切记不要否认领导的重要、否认领导的作用。

总体来讲，有能力的领导都比较好相处，也易于合作，如果你是一个有能力的人，遇上这样的领导是一种幸运。与没能力的领导相处就比较复杂，因为领导没有能力，工作关系就不像有能力的领导那么简单，既需要处理领导德行带来的复杂关系，还需要处理领导无能带来的复杂工作关系，有时会让人感到极其困难。

不同的领导会有不同的需求，同一领导不同时期也会有不同的需求。绝大多数领导的需求都是正当的，和其工作职责一致，但也有少数领导的需求是出于个人利益或个人嗜好。要主动了解领导的需求，才会减少做好工作以及与领导处好关系的盲目性。

不管什么样的领导，领导者代表组织的领导权，要时刻谨记服从，但因一些领导者的禀性、为人、德行和能力的不同以及权力没有恰当应用，甚至被滥用，需要做出服从与回避、抵制、不予执行甚至反击的选择，特别是权力被过度滥用的情况下，要极力防止被滥用的权力裹挟，造成沆瀣一气的失败局面。以下几种典型的领导关系，需要用心处理。

事业型或需要继续进步的领导最关心的是他职责范围内的工作

我的人生哲学

能否取得引人注目的成绩，以人民利益为重的领导必定以为人民解决切身利益问题和为社会做出贡献为己任。作为这类领导的下属，最重要的是把你分内的工作出色完成，得到更上一级领导的认可，最好是充分的肯定和表扬。在工作上可大胆创新，在解决社会或单位的现实问题方面，提出的政策措施越有效越好，尤其是解决的实际问题最好能带来社会效应，具有宣传和推广价值，提高部门或单位的影响力。你的工作越出色，就越会得到这类领导的认可。

无能而又渴望出政绩的领导，最关心的也是他职责范围内的工作是否取得成绩，但因没有能力，工作表现是想法多变，怪招百出，折腾不断。作为这类领导的下属，处于一种尴尬的工作环境，经常是不执行领导的决定不妥，执行领导的决定也不妥，需要有变通的执行力。但要时刻谨记的是绝不能鲁莽否定领导的意见，更不能和领导对抗，这会彻底激怒领导。如不执行这类领导的决定，领导会认为你在妨碍他正确决定的实施，普遍反应是大为恼火，然后是对你严厉批评或采取一些对你不利的措施。不折不扣地执行这类领导的决定，必然造成错误或损失。面对这样的领导，必须对领导的错误决定变相处理，尽量不要给相关人带来麻烦，不让错误的决定造成过大的损失。

无能而又怕担风险的领导，突出表现就是什么事都不敢做，只会讲一些套话空话，调门很高，但无实际意义。作为这类领导的下属，要想有所作为，取得工作成绩基本没有希望。开创新的工作不

第四章　他人

可能，以往的工作也会被压缩，稍有风险的工作都可能被领导喊停。这类领导最喜欢的就是那些把上级文件和上级领导讲话记得烂熟又能随时写出来的下属。要想在工作中做出成绩，开创新的工作，唯一的办法就是请更上一级的领导直接提出工作要求，以落实上一级领导的要求做一些工作。

不求有功但求无过的领导，要么不敢担当，要么没有了进步的希望，最关心的是他职责范围内的工作不能出差错，更不能出乱子，是否出成绩并不关心。作为这类领导的下属，最重要的是在研究工作时能提出防止工作出差错的建议，有了问题能很快拿出补救的办法。你分内的工作最重要的是按计划稳妥进行，按部就班完成，尽量不要向领导提出新的工作，不管新的工作多么重要或多么急迫，都会让领导不快。提得多了就会认为你想出风头，急于提升，严重的会受到领导的打压。这类领导最看重的是能及时补救过失的下属。

以上讲的是和领导相处的技巧，以下是和其他人相处的技巧。

有能力的人，这是终生都要寻求合作或跟随的人。这个世界上有能力的人并不多，有智慧的人更是少之又少。一个人不管是在学习阶段，还是在工作阶段，遇上一个有能力的人，是人生最大幸运之一，如自己的父母是有能力的人，那是人生大幸。

能发现有能力的人本身就是一种重要的人生能力，但好多人没有识别有能力之人的能力，常常使有能力之人从身边错过。少数人

我的人生哲学

的父母就是很有能力的人，但有的人因对自己的父母不敬而不识或由于叛逆，白白错过帮你人生升华的大好机会。在中国有个典型的例子，足以说明和有能力之人合作的重要性，就是韩信和刘邦、项羽的故事。韩信是一位战争奇才，刘邦得韩信得天下，项羽失韩信失天下。

不管是什么人，特别是年轻人，要时刻注意观察身边的人谁有能力，把有能力的人作为交往的对象。有的年轻人有那么一点学历，就傲气十足，看不上任何人，不把任何人放在眼里，只要别人的做法和意见与他的不一致，就认为这个人不行。这样的人总是认为自己的能力最强，看法最正确，谁的意见都听不进去，不可能从他人那里学到东西，也不可能快速地成长。

遇到有能力的人，就要不失时机地向他学习。如果这个人恰巧是你的直接领导，这是真正的近水楼台先得月，无异于天上掉馅饼，直接砸到你头上。在这样的领导手下工作，只要有心就会进步非常快。要仔细观察领导处理事情、解决问题的思路、方式、方法，讲话的逻辑、观点、情感。对领导安排的工作，要用心记住他说的所有意见。你写的文字材料，领导给你的指导和具体修改都要认真消化，对不理解的要多问为什么，确实不懂的要当面虚心请教。领导经手的与你无关的文字材料也要学习，学通弄懂，掌握核心内容。自己的工作要多向领导汇报，听取他的意见，如能一起讨论将是最好的学习机会。要尽可能多和领导一起工作，通过实践活

第四章　他人

动提高自己实际处事的能力。

这个人如果是你同单位的上级或同级同事，就要积极创造与之接触的机会、工作的机会，对他所做的工作要全面关注，有文字材料撰写的工作时要不失时机地学习。你难以决断的工作可在相处中多谈论，听取他的意见，也可以直接请教。和这样的人要主动搞好关系，最好成为密切的朋友。这个人如是同单位且是你直接的手下，就把最重要的工作安排给他，发挥他的才能，使用中少干预，让他的能力充分表现。如不是你的直接手下，要主动和他接触，如有可能就将他变成你的直接手下。这个人如是你单位上级单位的领导，要设法成为他的直接手下。这个人如果和你不是一个单位，职级比你高，权衡工作前途的利与弊，有合适的机会可调到他的手下，职级比你低，可设法调为你的手下，职级和你相同，要成为朋友。

无能力的人，又必须和他共事，这是人生常态。但许多人的可悲之处，是因为自己缺乏能力，把有能力的人当作没能力的人，人事关系处理错位，给自己造成更多的损失。

无能力的人和你的工作关系，无非就三种，领导、下级和同级。除了无能力又折腾的领导，一些无能力的领导一般难以拿出独立的意见和想法，对其领导下的工作不能具体指导或拿出决定性的意见，对下属写出的稿子不能修改，即使拿出意见多是不切实际，甚至不着边际。有的人习惯在无能力的领导手下工作，并自得地认为自己能力强,但实际是一种莫大的损失,失去了在工作中学习的机会。不能在无能力的领导手下工作时间太长,太长会严重影响你的成长和进步。

和无能力的下属共事是一件让人劳累的事,如遇到那种比较固执或钻牛角尖的人,还会时有不快。领导无能力的下属,首先是对一切工作要提前谋划和提前安排,事事都要早启动,以免被动。其次是对所有工作资料的积累,要作为一项重要工作,对长期性工作的资料一定要积累齐全。最后是对所有工作都要加强指导,并进行中间环节的检查,对外的文稿和资料都要仔细审核,严防出错。重要的工作尽量避免安排给无能力的下属。如你的下属和你的领导都无能力,你的领导又喜好越级指挥,你的工作就处在很尴尬的境地,什么事都做不好。

无能力的同级所做的工作和你没有什么关系,尽量不要发表意见,更不可指手画脚,其工作中出现问题需要帮助,一般情况下要尽力帮助,不可落井下石。和你存在工作上的关联,会影响你的工作成果,就必须多加沟通和协商,但必须注意方式和方法。应该由你决定的事项要拿出明确意见,应该对方决定的事项要多提引导性、建议性意见,应该双方协商的事项要提出主导意见。

高尚的人基本是具有一定能力的人,从共事和合作的角度讲,这样的人是首选,尤其是刚刚步入社会或创业初期的人,需要他人的帮助和指点,遇到这样的人做领导也好、做同事也好、做合作伙

第四章　他人

伴也好，都大有益处。高尚的人的阳光和积极表现能创造团结协作的良好氛围，如是领导最能构建奋发向上的团队，如是一般职员能带动团队的和谐发展。高尚的人的大度和乐于助人能促进团队内部的交流和合作，增加内生正能量。要主动靠近高尚的人，积极和他处朋友，也可选择性地结交为终生的朋友。高尚的人和有能力并不高尚的人不同，高尚的人能成为平等的朋友、知心的朋友、患难与共的朋友。有能力而不高尚的人难以交心，需要你附和或跟随，如你地位和他相同，他不会把你平等看待。如你地位低于他，他不会轻易理你。

卑劣的人一般也有一定的能力，但因太过自私，嫉妒心太强，其能力往往发挥不了利人的作用。卑劣的人的阴暗、消极和损人利己对一个团队的团结和协作具有极大的破坏力，以其主导的工作难以圆满完成，其参与的工作经常会拖延时间，难以完美结束。和卑劣的人相处的最高原则是敬而远之，不可轻易得罪，也不可让他觉得对他不敬，但能和他保持距离，越远越好。你有什么好事，不可告知于他，最忌讳的是在他面前炫耀。事事都要防其害人、损人之招，不能一起做让其抓到把柄的蠢事，更不能把自己的是非之事告知于他。

愚蠢的人是指有一定知识和能力的人，只是在为人处世方面有缺陷，甚至是大缺陷。不能简单地认为其是傻子，也不能简单地说其愚笨。愚蠢的人常常有以下特点：处世不知变通，认死理；从不

我的人生哲学

忍让，无理争三分；做事无底线，常因小事引发严重冲突；不能轻易招惹，招惹会带来纠缠不清的麻烦。不要和愚蠢的人硬碰硬，也不要和愚蠢的人争短长，和愚蠢的人发生冲突要退让，该低头时必须低头。

愚蠢的人和卑劣的人一样，除了不可回避的工作关系，都属于不可交往的人。但从为人的角度，愚蠢的人不是坏人，要尽可能地团结他，对这些人遇到的困难，从处同事的角度，有些还要帮助他。

陌生的人每天都会碰到，路遇一面也好，有短暂的互动也好，有比较长的交谈相处也好，就牢记三点，礼让、客气、谦逊。

（四）

了解他人认识他人是为了更好地相处和合作，大多数合作是以工作岗位为基础的，不同的岗位具有不同的权力和职责、视野，对人的影响非常不同，岗位会影响人的为人处世态度，特别是权力，有时会让人发生质变。一些高层次舞台的岗位极为重要，和这些岗位上的人合作或到这些岗位上工作对人生具有巨大的价值，不能没有基本的了解。

与人相处和合作，不仅要认识合作的个人，还要了解他所处的岗位，只有正确了解了，才会正确地站在他人的角度更好地和他人相处和合作。

和奋力拼搏考上一所好初中、好高中、好大学一样，步入社

第四章 他人

会,选择一个发挥你专长和符合你兴趣的舞台非常重要,但对绝大多数人来讲,选择一个更高层次的舞台更为重要。原因之一,舞台的层次决定你的视野,决定你接触事情的高度、难度和复杂程度,决定你能力提升的快慢,决定你担当大任的机会的多少。原因之二,在高层次舞台的人,业务范围广、处理全局性事务多、知识面宽,在其领导下工作或一起共事,会给你提供更大的支持和帮助。

到高层次的舞台工作,对普通人是一个难得的机遇,是人生易于腾飞的起点。很好地把握好机会,利用高层次舞台提供的一切有利条件,可更好地提高自己的能力,创造更多条件发展自己。

任何人特别是刚步入社会的人要时刻记得:工作最为重要的目的是提高自己的能力或给自己带来长远利益,眼睛不能只盯着钱,应盯紧的是如何对自己的发展有利。不要被"工作是为了赚钱"这句话误导,糊里糊涂地丢了更为美好的前程。

选择什么样的工作或选择什么样的工作岗位,必须放在第一位考虑的是这份工作能否提高你的能力、能否提高你的技能水平,只有对你能力、技能有益的工作才能使人进步,日积月累,你才能超越更多的人,提升胜任更重要工作的潜质。

不管到什么单位,要及时看清单位的重要岗位,要积极争取到这些岗位工作的机会,如没有直接担任的机会,也要不失时机地了解这些岗位的工作,为能到这些岗位工作做好准备。

不管在什么单位,即便就是在自己的家庭里,一个人过于任

我的人生哲学

劳任怨，过于忍让，如果缺少能力，就会被认为窝囊；如果有能力，就会被认为老实，很可能会成为被欺负的对象，高尚的人会呵护你，但不会重视你，一般人会无视你，卑劣的人会踩你甚至欺辱你。

如果你能力差又无主见或难以独当一面做事，就必须听从安排，做好配角，虚心做事。但无论做的事大还是小，都要事事注意谋求独立的一部分，在整个事情中占据一席之地，使自己不可或缺，不能使自己可有可无。没有能力而又狂傲的人，就会让人感到可笑，就难以被使用并且没人愿意和你合作。

如果你有能力，切记不可恃才傲物，更不可目空一切。不管你认为自己能力多强，在进入一个新单位或着手一项新工作时，都必须虚心参与一切工作。在对待自己的能力上，必须慎之又慎，根据单位同事情况，正确展示和表现自己的才能，但基本原则是越有才越要处理好表现和谦虚的关系。有能力而又不谦虚，就可能让人提防甚至嫉恨，一旦有错就会成为打压你的口实，令你难以翻身。表现能力必须寻找机会，当事情谁都能做的时候，就没有表现的机会。当事情谁都感到棘手，才有表现的机会，但表现的方式需要根据具体情况确定，方式不当仍会伤及自己。

不管在什么团体，你的能力是你的，但同时也是大家的，因为没有这个团体，你的能力无法展示。你的能力首先要用在团体赋予你的工作上，确保这些工作做成、做好。特别是领导已有明确意图

第四章 他人

或思路的事情，要用你的能力使领导的意图或思路得到完美的实施，展示领导意图或思路的正确。要正确判断自己的能力水平，有胜任的把握，就勇于承担困难的工作，关键时候能够顶上去。一个单位困难的工作往往是单位开辟新局的大事，也常常是给单位带来利益或解除困局的大事，同时也是最能锻炼人的机会，成功了就会得到同事的广泛认可。

在任何团体都要追求和同事长期相处和合作，必须做到做事认真努力，做人讲诚信，为人实在不油滑，立得正，行得直，对人不卑不亢。不管承担什么工作，都要想方设法把工作做好，尽快掌握全面情况，追求把工作做到完美、做到极致。

（五）

在高层次的舞台，谦让做人、平等待人是需要时刻谨记的与人相处和合作的重要原则，但许多人却错误地认识了自己，错误地认识了与他人相处和合作的关系，自我膨胀和步入歧途的行为时常发生。如发生在与你共事的他人身上，会影响到你或直接给你带来危害，如发生在自己身上，是为人处世的错误，严重的还可能产生灾祸，必须认清，严加防范。

高层次的舞台一般都是企业的中上层部门、政府的机关，发号施令的工作自然就多，拍板定夺的事自然也多，前来办理业务的人都表现得谦逊，甚至毕恭毕敬。许多在高层次舞台工作的人，长此

我的人生哲学

以往多少都会膨胀，自以为高人一等，错把平台的影响力当作自己的能力。

在大企业工作也好，在政府机关工作也好，许多位子的职责是固定的，不管谁坐上去，其权力和权威自然就有，并且是一样的，每一个坐在上面的人都应清醒认识这一点。许多人是被推上去的，并不代表他的能力和位子的权力、权威能匹配，能不配位、德不配位的大有人在，但恰恰就是这些人，错误地认识了自己，也错误地处理了和他人的关系，一是把位子的权力和权威归属自己，膨胀自大，耍威风。二是利用位子的权力和权威肆无忌惮攫取个人利益。

归属自己者，无自知之明且自傲自大。在与他人的交往中，时常显摆自己的权力，谈起自己管辖的事，要么夸夸其谈，要么故弄玄虚。对上级不了解情况或说错的表态，总是深表不屑，并常常议论上级无能。对下级不是鼓励、指导、支持，而是颐指气使、批评甚至呵斥。工作上或待遇上稍有不如意，往往威胁跳槽或拂袖而去，但多数人离开原有的位子，无法融入现实社会，做不成事，难以取得更好的成绩，有的还一落千丈。

攫取个人利益者，把他人作为获取利益的猎物，把人与人之间的关系贴上利益的标签。对待所掌控的权力，牢牢把握唯恐旁落，对可能支配其权力的上级时时提防，为保权力不被上级干预，对上级时常极尽献媚。对可能分享权力的下级从不给予行使权力的机会，采取越级指挥、不按正常程序等手段，肆意行使权力。

第五章 人生态度

人生在世，以什么思维方式对待身边的人和处理身边的事，这是人生哲学中的哲学，是人生哲学的根本。这个根本就是人生态度。

人生态度可分为处世态度、为人态度、事业态度。

（一）

处世态度有入世和出世之别，是人生的关键，对人生的影响至关重要。

中国明朝文学家杨慎有一首词曰：滚滚长江东逝水，浪花淘尽英雄。是非成败转头空。青山依旧在，几度夕阳红。白发渔樵江渚上，惯看秋月春风。一壶浊酒喜相逢。古今多少事，都付笑谈中。

这首词的意境如划过长空的夕阳即将落山，一缕明亮的夕照洒落在江心的小岛上，使谈笑古今的白发渔樵异常亮眼。作者站在江边，望着千百年来滚滚东流的长江，历史上那些叱咤风云的英雄人物，一个个迎面而来，又飞快地逝去，但又有谁能改变得了那一座

我的人生哲学

座青山的存在呢？江渚上的白发渔樵绝不去自寻是非成败的烦恼和痛苦，静守这种与世无争的安然，不正是人生向往的那种恬淡？词虽然偏于出世，但从积极的人生态度理解，很好地诠释了人生入世、出世的态度，具有高度的哲理性，读来令人深思。

人，来到这个世界，没有生来就决定出世的，一切出世都有一个理由，第一是入世又想求得更大名利，当感到绝望或厌倦的时候。第二是人生受到沉重的打击，心理期望的落差太大，不可接受又无力对抗的时候。第三是自私而嫉恨世道的时候。第四是可以沽名钓誉的时候，假出世，以借出世求入世之名利。

当今社会，出世之人几乎都是自私之人，因过多地思虑自己的得失，缺乏为社会奉献的人生境界，出世以求解脱。

一个人决定出世，不管是在他有成就之前还是有成就之后，这都是人生的大事，不可轻率决断，也不可冲动决断。当面临出世的抉择时，要很好审视自己灵魂的动机、自己私心的相貌、自己意志的脆弱。不要过于欣赏自己鄙视世俗的清高，不要过于陶醉自己灵魂超脱的境界。

入世分为三种状态，一是积极入世，二是淡然入世，三是消极入世。

积极入世分为两种，一是为社会为人类文明进步的入世，人生充满着奋斗、拼搏，具有高尚的献身精神。名利面前不计较，大义为重。二是为个人名利的入世，人生充满着索取的奋斗、赌拼，在

第五章 人生态度

公众利益面前不担当、无顾忌，是极端的个人主义和享乐主义。名利面前不择手段，甚至不顾大义。社会的政治争斗和经济竞争基本就在积极入世的人之间展开。

淡然入世的人，不过分计较名利，不过分计较得失，在社会中属于安分而忠于职责的群体，是社会生产和运行管理的中坚力量，也是社会稳定的基石。

消极入世的人，多为具有积极入世的心态，但因自己的自私和处事不当，期望得到的和现实相差甚远。一类是愤愤不平，牢骚满腹，常常处于一种大事干不了、小事干不好的状态。认为自己才华出众却不得施展，没人赏识、没人重用；一类是做事没有任何积极性，能不参与就不参与，话语很少，不争不抢，和所有人合作都不主动。

人要以入世的态度处世，不能做到积极入世，也要做到淡然入世。入世就要做事，做事就要做好，做好就要有恰当的态度。重要的态度有两项，一是为人态度，为人态度不适当适度，事就做不好；二是事业态度，做事就要成就一定的事业，没有正确的事业态度，事业就不会成功。

（二）

为人态度要好，就是你的言行态度让人接受，让人在交往中感到自然，感到有亲和力，感到有号召力。为人态度要好，首先要做好自己,然后才可与他人处好关系。

不能做好自己,就缺少与他人处好关系的根本,就不能确立与他人处好关系的心态和理性。做好自己有许多方面,但重要的是自信、乐观、阳光、积极、谨慎、不骄横、不抱怨、不退缩。

在这八个方面中,最为重要的是自信和乐观,因为一个不自信的人就没有勇往直前的勇气,一个不乐观的人就看不到未来的希望。成功属于自信和乐观的人,未来属于自信和乐观的人,美好的人生属于自信和乐观的人。

自信是对自己最大的尊重,也是对自己最好的保护。自信是人的内在正能量的言行反映,给他人带来动力和活力。自信是对自己有能力的表现,是向他人明确宣示我行。一个人只有自信,才能敢于做任何事,才能确保做好任何事。一个自信的人自然就会赢得他人的尊重,增加他人和你合作的信心,不管在什么事务中都不会被看低,并且会得到更多的支持和帮助。

乐观不仅仅是对待困难和挫折的态度,更是一种开放的心态和自信的表现。乐观使人能以更美好的心态看待世间的人和事,让人以善与美的心境感受这个世界,进而以包容的心胸接纳世界的一切。乐观使人更能看到事物的有利、积极的方面,做事就更为进取,遇到困难和挫折不会轻言放弃。乐观使人具有更为健康的心理。

阳光是一个人对外展示自我的最好表现形式,是气场的最重要成分。阳光是人的纯洁天性和坦荡胸怀的自然流露,具有天然的亲

第五章 人生态度

和力,阳光和知识相结合,就具有强烈的感召力。一个阳光的人不管出现在什么场所,都会受到欢迎。一个心地不善良或心机过多的人,因为内心的复杂,就不会有外在的阳光表现。如一个女性表现得阳光、又充满活力,就具有超常的吸引力。

积极从大的方面讲是积极入世,是大的人生态度。从平常工作、生活为人的角度讲,是负责任的表现和对人友善的善良。积极是做人谦逊的最好表现,没有任何虚情假意,和其他谦逊表现相比,不会出现不恰当的表现方式,受到普遍赞扬和尊重。积极的人更容易合作,也更能得到别人的主动合作,从而更容易获得事业成功。一个积极和阳光的人就是一个为人几近完美的人,集心地善良、负责任、肯付出于一身。

谨慎是要终生谨记的为人态度,不管是和任何人相处还是做任何事情,都要时刻记得谨慎二字。唯有谨慎才能保你平安、长久和事业发展、成功。年轻人阅历浅易冲动,不懂谨慎的重要,等到了中年后期,懂得谨慎的重要,人生又犯了许多无法挽回的错误,许多不可重来的事已无法弥补。不管做什么事,慎终如始非常重要,但对人生来说,最重要的是必须慎始,慎始才是处世之要,谨慎的人生起步是保证人生顺遂的关键,也是保证人生走得更远、更高的关键。

不骄横是一种高素养的理性表现,一个人有了资本,不管是物质的还是精神的,不产生优越心理,不带来傲视他人的表现,是一件极难的事。一个不骄横的人,不会以一己之私欲看待和应用自己的成就,在取得一定成就之后,必有为公之心。骄横会让人忘却谨慎,还极易使人冲动。骄横最易败坏一个人的为人,容易给有成就的人带来灾祸,骄横者的事业就会止步,进而存在走下坡路或失败的风险。

抱怨是最无能的表现、最错误的反思。抱怨是没有底线的责任推卸、彻底认输的迁怒。抱怨不能成为一个人的习惯,成为习惯就会毁掉事业,断送前途,人生就会进入抱怨、放弃的恶性循环,最终的结局必定是一事无成。抱怨首先让人看到的是你的无能,其次暴露了你为人的一大弱点。不管遇到什么困难、经受什么挫折、受到什么打击都不要抱怨,重要的是反省自己,找出主观上存在的问题,同时认真查摆客观的原因,可以弥补修正的要及时弥补修正,不能弥补修正的要果断放弃。

不退缩就是不要轻易承认失败,不承认失败就还有成功的希望。许多成功就成在坚持,成在尽力一冲,甚至是拼尽全力的最后一冲。不退缩不是必须一直冲下去,更不是在前行的路上不讲求等待和退让的策略,而是不能一遇到困难、挫折、打击就退缩、没了斗志,使做事刚刚开始就胎死腹中,或做事半途而废。特别是和他人合作时,因你的退缩影响了合作事项的进程或成败,这将直接损害他人的利益,你将成为他人放弃的对象。

善待他人第一是如何说话,第二是宽容,第三是改变,第四是主动沟通,第五是助人于急难之中。

第五章　人生态度

以什么样的态度和人说话，这是为人态度中极为重要的，因为在与人交往中首先是话语的交往，最多的也是话语的交往，最快速给人留下印象的是你说了什么而不是做了什么。

第一是说话的方式，宜迟不宜急，宜缓不宜速，宜柔不宜刚。说话迟是思考好了再说，说出的话经过深思熟虑，特别是在重大事项的表态上更是如此。说话缓是语速要缓，适度缓慢的语气让人感到沉稳、可信，气场十足。说话柔是温和不强硬，不给人压迫感，不管什么情况都给人足够的尊重和余地。即使拒绝也要用柔和的话语表达。

第二是说话的态度，自然、中肯、亲和。说话自然是说话不造作、不矫情，不管在任何人面前或任何场合都能心平气和。说话中肯是让人感到你的诚恳和磊落，不随意夹带个人情感、好恶。说话亲和是话语中充满友善和温情，让人没有距离感。

第三是说话的分寸，不把话说绝、不把话说满、说话合身份、说话合场合。不把话说绝就是不说对人毫无尊敬的话、不说对人绝情的话、不说不听他人意见的话、不和他人发毒誓。不把话说满就是不做包揽一切的承诺、不做没有任何问题的表态、不做绝对的评价。说话合身份就是话语的内容和表达方式符合自己的地位和名利状况。说话合场合就是充分考虑说话面对的对象和说话的目的，说话的内容恰当。

第四是说话抓住要点。不管在什么场合、对什么人、说什么

我的人生哲学

事,说话都忌讳抓不住要点、漫无边际。抓住要点,简明扼要表达你的观点,这是一个人语言文字能力的体现。不管什么场合、什么时候都必须注意。

第五是说话要多点幽默。幽默不是贫嘴,是一个人智慧和机智的表现,能化解尴尬还能让气氛融洽,是提高话语效力的智慧表达,是个人魅力机智的表现。

宽容是为人处世的最高智慧。对人宽容就是在你这里给了他人位置,同时你就在他人那里有了位置,能快速建立他人对你的信任。但什么该宽容,什么不该宽容,该宽容的宽容到什么程度,这其中度的把握具有极高的难度。宽容是对人的过错和不足的接纳,不是对人的犯罪和恶劣行径的原谅和纵容。宽容必须讲求原则,切忌以出世的态度什么都宽容。对不该宽容的宽容了,对家庭成员会不利于家庭和睦和后代的成长,对密切的同事会使亲密的关系产生芥蒂,对德行差的人会带来后患。对犯罪和恶劣行径放纵宽容,必有宽容之祸,祸即使不祸及你本人或他人,也必祸及被宽容之人。

宽容必须使被宽容之人对其过错或不足感到歉意或愧疚,给其改过或进取的动力,而不能使其心安理得或毫不在乎。宽容的表达方式可以是善意的默许、激励性的提醒、提醒式的适度批评。

你的宽容是和人交往中主动打开的门,门是宽是窄,由你的宽容度决定,越宽容门就越宽,你交往的人就多种多样,你的人脉世界不仅宽广,还会丰富多彩。

第五章　人生态度

宽容度不由主观决定，是由知识、见识、眼界、心胸综合决定。知识丰富、见多识广、眼界高远、心胸宽广自然就会更宽容，并且做到宽容适度。一个心胸狭窄的人，绝不会具有宽容他人的素养；眼界不高远的人，宽容的境界不会高；没有见识的人，宽容不会恰如其分；一个没有知识的人，难以决断什么应该宽容。

在人与人的相处中，谁都会遇到难以解决又不能不解决的问题和难以处理又不能不处理的矛盾，正确的为人态度是以宽容的心态解决问题和处理矛盾，而不是放下一切，以回避一切的态度放下，解脱自己，这不是宽容，更不是智慧。有的人以宽容、智慧美化这种回避一切的行为，实为懦弱，是对现实的逃避，无能的表现。

在解决问题和处理矛盾时，宽容的最高原则就是尊重和认同他人的不同，这是解决问题和处理矛盾的不二法则。没有对他人不同的尊重，他人就不可能以平和的心态和你面对面地坐下来，没有对他人不同的认同，双方都没有进退的余地，就不可能找到解决问题和处理矛盾的共识。

宽容不只是宽容他人，更是宽容自己。一个不宽容他人的人，就是不宽容自己的人，对他人的不宽容往往成为自己内心解不开的结。一个不会恰当宽容他人的人，就不可能恰当宽容自己，遇到难以解决的问题和难以处理的矛盾，对自己的宽容往往是无原则的退让或回避，有时会放纵自己，甚至自暴自弃。

在和他人的交往中，灵活改变自己，是和他人融洽相处，善待他人不能缺少的主观态度。

变则通，变是人生哲学的精髓，也是社会行为学的核心，更是社会行为成功的钥匙。无论走到人生哪一步，进入什么生活和工作环境，首先必须认真考虑的是自身应做什么改变，这是开好头、起好步必不可缺少的。在人和人的交往中，个人特别是普通人，基本无力改变他人和环境，明智之举就是改变自己。改变，才会适应环境；改变，才会融合于人；改变，人生才会顺遂。

一个不知变通的人，无论在哪里，路必定是越走越窄，最后是死路一条。

改变自己必须认清自己的性格、能力，认清周围相关人员对你的认可程度，并据此作出恰如其分的自我改变。

一个或少数几个人做出改变，改变比较简单，没有复杂性，具体而直接。一个人数众多的团体，处在一个竞争的环境中，就复杂得多，改变要考虑你的人生目标和阶段目标。改变是为了创造更有利的发展环境，不是满足所有的人，要围绕重要领导和有影响力的人做出改变。改变需要平衡关系，有时还有利益取舍，不可一概而论。

改变，主要的是改变为人态度和合作方式。为人态度的改变往往和个人的性格发生冲突，冲突时不能扭曲自己的性格，但对性格的收敛是必要的，不能任性是必须的。但要清楚，在强势和无视他人感受的人面前，个人的性格特征往往就是缺点。能力是合作方式

第五章　人生态度

改变的基础，决定你的合作关系和地位是服从、有限度做主还是主导，能力强可以主导，能力弱只能服从。周围相关人员对你的认可程度是你改变的重要参照，认可程度高，你可更加自我，反之，必须低调随和。

改变的重要原则是和他人处好关系，提高你在团体中的重要性或地位。达到的目的是领导愿意重用你，他人愿意与你合作，愿意和你相处，你能够做更多的工作，能够做更重要的工作。

在和他人的交往中，不管出现什么矛盾或误会，甚至是不同的看法和意见，都会影响彼此的融洽，必须通过沟通解决。沟通不能等待，要主动沟通。特别是对内向、不够阳光、心胸狭窄的人，更需要主动沟通，取得一致。

不管是朋友还是敌人，主动沟通都会受到欢迎，都会提高你的亲和力和威信。主动沟通有时会在交往中反客为主，主动沟通的人多了，主动沟通的事多了，大家就会愿意和你谈论事情、谈论问题，甚至说一些交心的话，你会在一定范围内成为交往的中心。

主动沟通必须讲求技巧，切忌直来直去盲目沟通。最重要的一是了解对方的心结，不管出了什么问题，必须清楚了解对方问题的心结，沟通才可有的放矢。二是亮明自己的态度，以诚相待，在不了解对方心结的时候，必须边沟通边了解，并逐步亮明自己的态度。三是沟通时总会涉及自己或对方的错误或不足，是自己的就坦诚承认，不推卸不找借口；是对方的必须婉转指出，使对方能够接受，避免沟通陷入尴尬或难以进行。

助人于急难之中，这是人与人交往的道德高地，被帮助的人会感激，看到的人会认为你可交，有些情况会让他人对你解决问题的能力感到佩服。

中国有句古语"救急不救穷"。或许你的亲戚、同事和朋友中有人会遇到急难之事，需要紧急救助。面对这样的情况，不可袖手旁观，要尽力伸出援助之手，在物力、人力上给予量力而行的帮助。如你的帮助能让摔倒者爬起来，能让劫难者躲过一劫，能让走投无路者找到出路，这是最大的善举。

助人必须量力而行，不可倾囊相助，也不可倾力相助。对人急难情况下的相助，伤及自己的相助不可轻易做出。

助人不可有期望回报的心态，更不可为求回报而助人，否则助人就成了自己的心理负担，甚至当被助的人比你更好时，会心理不平衡，以至耿耿于怀。

（三）

事业态度因人而异，由个人的主观和客观条件综合决定，还决定于入世的积极程度。任何人都不可不考虑自己的主观和客观条件而确立自己的事业目标，都不可参照自己的事业偶像确定自己的事业行为。事业在缺少客观条件支持甚至几乎没有客观条件支持的情况下，不管在多大的舞台，都必须踏踏实实从最基础的工作做起。

第五章 人生态度

如果没有知识或知识水平低，就必须从以体力为主的工作做起。

只有入世的人才可谈事业态度，因为作为事业必须以对自己负责、对他人负责、对国家负责为基础，并且只有对他人负责、对国家负责，才会以正确的价值观积极入世，只有对国家负责，才会具有积极入世的奉献精神。对积极入世的人来讲，干事业是人生最重要的组成部分，事业成功是人生价值的追求。以社会责任和国家利益至上，主动参加对社会和国家有利的事业，在国家需要的时候，才会勇于冲在前，才可成就闪光的人生事业。

事业态度必须正确。按照递进关系，正确的事业态度，一是从积极入世的人生观确立事业态度。二是正确面对自己能做什么的现实。三是不管做什么都应尽心勤奋，这是事业态度的关键。四是具有一定事业基础，就要具有担当精神。

自己能做什么是事业态度正确与否的基础，做了一件自己没有条件做好的事，如果是自己的选择，不但事情做不成，还要承担做不成的损失。如果是你服务团体的安排，事情做不成自己要承担能力不够的信誉损失。就是说事业选择错误，事业态度再好，也难以把事业做成做好。

做什么事业的选择和决定，是人生最重要的选择之一，必须慎之又慎。要谨慎评估事情做成做好的概率，谨慎评估自己是否做成做好的能力及外部条件，绝不可冲动决定，草率开始。有时能做什么，并不由你的能力决定，而是由你的外部环境和现实条件决定，

我的人生哲学

必须根据你的现实做出选择。现实条件的时机出现就要及时开始，不能等，等往往会使你陷入更加不利的现实，常常会造成事业选择的更加被动。

在可有多种选择的时候，选择的第一条件是对你未来发展是否有利，是否能成为你未来发展的工作准备或跳板。

有时你的事业不是自己的选择，是服务团体的安排。从事的事业被动无奈也好，称心如意也好，都必须尽心负责，勤奋努力，立足长远做好工作。如以应付的工作态度对待工作，首先受损的是你失去能力提升的机会，其次可能断送未来发展的路子。

人生事业的一般规律是面对不喜欢的工作，不可懈怠，必须以尽心勤奋的工作态度去做，做出感情做出成绩，就会爱上这份工作，最终可成就很好的事业。

一个人如只追求自己想做的工作，事业不会顺遂，最大的可能往往会失去成就事业的机会。幸运得到一份称心如意的工作，切忌陶醉于工作的权力或享受，工作上懈怠，不追求业务能力的提高，出现不可胜任的状况，最终可能会被淘汰。工作上出现不能胜任的情况，自己要高度警觉，能通过自身努力改变的，必须尽快改变。不能改变又无法做好，就采取变通的方式，转换工作岗位。当工作胜任存在困难时，能够坚持的就必须坚持，因为只有承担达到自己能力极限或超过极限的工作，进步才会更快，这是人生的挑战，更是难得的机会。

第五章　人生态度

当工作做到完美胜任、应对自如，你的能力远远超出你的工作所需，但又不能很快到达更高的工作岗位，就要判断自己下一步可能的工作岗位，进行拓展学习，做好准备。

事业有了一定规模，就要把担当精神和事业结合。当你的事业事关很多人，或者对社会具有一定的影响，干事业的立足点就不能只考虑自身的利益，要从整个社会着眼，要从增加社会的福祉、促进社会的进步做好事业。如在这种情况下，还过多考虑个人利益，事业就会受到禁锢，或个人就会走入歧途。

第六章

情商

情商是处理人际关系的个人情绪品质的综合表现，是适应不同人的应变能力。

情商是审视处境、判断得失、察言观色、进退得当、言行表达适度的能力，不能片面理解为讨好他人的能力。

情商高的人既能让自己安然愉悦，也能让他人安然愉悦。机会总是眷顾他，在关键的时候常有贵人相助。

情商和为人态度密切相关，是为人态度的具体表达。

（一）

要想与人更好地合作，得到他人的更多支持和帮助，就必须提高你的情商。情商最重要的是应变，但必须坚守原则。没有针对不同人的应变，就成了对他人的迎合，甚至是讨好献媚，没有原则就不能和所有人友好交往，就会容易迁就他人的不道德要求，甚至被坏人利用。

第六章　情商

讨好人的人往往是虚情假意,为达目的,吹捧逢迎,讨好献媚,这些都不是高情商,只是奴性的发挥,会被德行好的人厌恶。因此,高情商必须坚持严格的交往原则。第一是情商在情,最重要的原则是用情要真,不管对待什么人。第二是不能让人难堪或尴尬,也不让自己陷入被动或困境。第三是对待家人和弱者要甘于付出亲情和关心。第四是对待强者要寻求支持和帮助。第五是对不讲道理的人不可迁就,严格按原则应对。第六是对欺辱人的人坚决回击,绝不客气。

要应变就不能不讲原则,讲原则就不能没有应变。应变是绝对的,因为不只是针对不同的人要变,针对不同的专长能力也要变,针对不同的人事环境还要变。

一个人情商不高,就不能很好地和他人合作做事,更不会有组织领导能力。不管你特有的专长如何突出,不能很好地和他人合作就很难做成事,更难做成大事。高情商就必须有应变的能力,针对不同人的应变能力,结合你的专长能力的应变能力。

针对不同人的应变应时时谨记,在基本了解身边人个性、德行、能力等不同的基础上,要有所不同和在分寸上适度把控,才能很好守住交往的原则。

对一个能力平平的人而言,要立于社会,给自己找到恰当的位置,或是理想的位置,这个位置不能靠能力,那不是你的长处,必须发挥自己情商的潜能,从寻求他人支持的角度,让自己的言行举止得到相关人最为普遍的认可,特别是直接领导的认可。

一个具有专长能力的人,没有较高的情商,如果你所处的工作环境是按部就班、平平无奇,或者你在团体中能力不是鹤立鸡群,你的能力不会被认可,也绝对不会被重用;如果团体需要人才,但竞争者较多,你也难以被重用,重用后也因情商不高,合作不好而不被长期重用。

要想成为一个具有组织领导能力的人,高情商不可缺少。领导不能只靠命令,行政组织也不能只靠被领导者的无条件服从。高情商的领导会充分发挥情商的作用,让感召力发挥领导力的作用,使感召力成为领导力的重要因素,让亲和力具有权威性,使亲和力成为权威的重要因素。

一个小的团体或一个小规模的企业,高情商的人就能应对自如,或者只靠情商就可领导。但对时刻需要应对策略变化或时刻面临挑战的大型团体或是社会组织,以及社会性事业,需要超人的宏观综合能力和超常的判断能力与高情商的完美融合,这种高情商需要有高尚德行的感召力和奉献精神的无我境界。

(二)

情商以理性为基础,一个不理性的人不会有高情商。理性是一种遇事后有意识辨别是非和利害的冷静,从而很好管控自己言行的能力,也是一种能积极主动而又稳妥应对的能力。这种能力是一个

第六章　情商

人积极入世的态度和处世成熟的标志，和遇事不假思索的感性冲动完全对立，更是和遇事没有应对之策的无所作为的对立。

锻炼自己良好的理性，就要从他人处理事情的成功和失败的经验以及自己的亲身经历中总结学习，但重要的一个方面是必须克服自己的个性缺陷。许多个性缺陷就是不理性的缺陷，更是情商的缺陷。个性强、心直口快、耿直，甚至老实都是个性缺陷，是一个人理性的先天不足。之所以说是理性缺陷，就是因为它们都不是冷静思考的反应，对事情的表达没有考虑他人的感受，方式过于直接，没有赋予相对人理性的情感。

不管什么个性，个性强的人都是典型的自我中心者。从人与人合作的角度讲，个性强都不是优点，都会影响情商的表达。每个人都必须正确对待自己的个性，不要把个性强当优点，更不能有意强化自己的个性。和形形色色的人合作，高情商的人充分考虑的是他人的个性，而不是彰显自己的个性。个性对人最大的影响是限制了应变能力，针对不同个性的人，不能变通对待，你的情商就会打折扣，你就不会广受欢迎。

心直口快，不管表达什么，都不是理性所为。中国古语讲"言多必失""祸从口出"，不假思索地发表言论，言论就更容易不合他人的心性、不合场景、表达不准确、出现错误。心直口快的人常常认为自己好心办坏事，就因你的好心没有恰当表达，让他人不满，让他人难堪，甚至心生怨恨，而自己还不知错在哪里，事后深感委屈。高情商需要心思缜密，需要言辞确切，心直口快难以做到，是情商表达的大忌。

耿直这种正直、直爽的性格，最大的缺点是不知婉转地指出他人的不足或错误，使人失颜面，或产生被羞辱的感觉。有时还因不分场合地夸赞人，应用过誉的言辞，使一些人对你产生过誉他人的不满，甚至遭到有嫉妒心的人嫉恨。拒绝他人也好，寻求与人合作也好，不能直来直去，都要用情去婉转地表达，发挥情商的作用。

老实不是对一个人的绝对夸赞，而是带有软弱、木讷、不够灵活的赞美性贬低。常被人提及老实的人不能自我满足，要寻求改变，不然总是吃亏。一个被公认老实的人，必然缺少积极主动，不会用心处理人事关系，更不会用言语技巧讨好别人。从一些人的角度讲，不管你道德水平多高，都不会被他们重视，也不会被他们尊重，更不会让人敬畏。老实人不会有高情商，多数人也不会对他付出情商。

（三）

许多人对情商的理解不正确，认为情商表达只是针对他人，实际上对自己的情商更重要，是情商表达的核心。在情感上管控好自己，处理好对己之尺度，才可对他人发挥高情商。对己之情商最重要的有三个方面，一是认清自己应该做的事，二是知道自己什么该放下，三是要说"不"时果断说"不"。

高情商是为了保障做正确的事、把事做成、把事做好。一个人

第六章　情商

应该做的事才是正确的事，喜欢做的事不一定正确，甚至极其错误。一个人只想着做自己喜欢的事，就不会为他人着想，就不会有为他人负责的为人境界，就不会成为一个高情商的人。一个人清楚地知道自己应该做什么，并努力去做，才会有成熟的情感心理，对自己对他人才会有正确的情商表达。一个人知道自己应该做什么，不管处于什么人生阶段，都是对己之情商的至要。

一个人知道自己什么该放下，才不会被情感所困扰。庸人自扰之，说的就是不知放下的人，遇到的事情，分不清和自己关系大还是小、重要不重要，总是难以放下，无法解脱，经常使生活处在苦恼、烦躁、不安、沮丧、悔恨、惶恐中，无法安定自己的情绪，平静自己的心境。处于这些状态，轻者影响你的心性，造成工作和生活的困扰。重者说明你的状态已坏到了极点，需要尽快调整，否则将严重影响你的正常工作和生活，甚至会影响身心健康。

一个人知道自己什么该放下，这是良好理性的表现，更是高情商不能缺少的一个方面。知道什么该放下和知道什么不该坚持同等重要，这都是人生不会步入歧途和少犯错误的关键，既是能力更是情商。

许多人在能说"不"时不能果断说"不"，常常为一个"不"字付出代价。在人的交往中，同意和承诺是容易的事，说"不"却很难。因为正确说"不"需要进行快速判断，并且要有判断准确的能力。能不伤情感地让人接受你的"不"，是人生大智慧之一。要做

我的人生哲学

成事，重要的不是决定做什么，而是在做的过程中决定不做什么，一切能做成大事者，都具有能够说"不"的高情商。应该说"不"的事，都不会有多少价值，不需要你做出什么付出，你不能果断说"不"，就会付出代价，产生麻烦的事还会带来人生的浪费，有的还会带来其他的损失。

只有处理好了对己之情商，你才不会被人看轻，才会更能赢得他人的尊重，你对他人的情商才有价值。对他人之情商，简单的是微笑、感谢、赞美、谦让、原谅、帮助，较难的是服从、忍、退，最难的是让人服从、让人敬畏。

简单的情商表达对谁都不难，真情实意也好，虚情假意也好，都比较容易做到。

微笑是最容易的情商表达，也是最受欢迎的情商表达。在人与人的交往中，微笑是春雨，能滋润任何枯涸的心；微笑是春风，能吹醒任何放弃希望的心；微笑是春天的阳光，能融化任何被冰封的心。微笑就像自然界的鲜花，在社会活动中带有令人愉悦的芳香，没人厌恶。微笑是大众情商，能给所有人带来善意。任何人面对微笑都会产生积极的因素，带来趋向正面心理的变化。微笑着说出你的不同意见，微笑就是改变他人的神奇力量。一个不会笑的人，特别是年轻人，在和人的交往中，就缺少热情，让人感到的是冷漠。一个不知道如何表达情商、如何提高情商的人，最好先从微笑开始。

只要他人对你付出了善意或帮助，都不要吝啬向他人表达感

第六章　情商

谢。感谢是对他人善意或帮助的廉价回报，但却是个人修养的良好反映，高情商的人不会减省不为。不善于对他人表达感谢的人，一种情况是从小得到家人过于周到的照顾，对别人的付出缺乏发自内心的感恩，另一种情况是物质条件过于优越，得到任何东西都没有价值的概念。不管是什么人，都要有意识地增强感谢他人的感恩之心，因为感谢和微笑一样容易，一样受欢迎，并且感谢和微笑是不可分的，当你真心感谢他人的时候必定带着微笑。

赞美他人是一个人心胸宽广的起点，心胸宽广又是高情商的起点。赞美会给人带来愉悦、提高信心、感受尊重，是一种不需付出就最有可能得到收获的情感交流，在拉近人与人的关系中有奇效。对一个还没有资本的人来说，在恰当的时机恰当地赞美需要赞美的人，也许会有意想不到的收获。赞美不需要什么语言技巧，真情表露就会让人感动。要想成为一个高情商的人，就要时时记得赞美他人，把赞美他人作为人际交往高情商表达的第一步，成为自己交往的习惯。发自内心地赞美他人，会使你心态更加阳光，处世为人更加磊落，会更好发现他人的优点和长处。能恰当地赞美他人，让他人感到自然，真情接受，你的情商就不会太低。

谦让是地位高的人对地位低的人或地位相同的人做出的低姿态，多是善意的退让，有时对地位低的人谦让，会使人对你肃然起敬。高情商的人都会很好地处理这种低姿态的情商表达，以赢得更多下属的尊敬，将更多的人吸引到自己的周围，为我所用。一个人

我的人生哲学

有了地位而不知谦让，就会傲慢，无人乐于接近。同地位的人存在名利冲突和名利攀比，相互间的谦让需要虚怀若谷的心胸，能够对地位相同的人谦让，是一个人谦让德行的最高点。但许多人的谦让是虚情假意，甚至是笑里藏刀。对地位低的人，不管是你的同学、同事、合作者、朋友还是家人，也不管你有什么优越条件，一定要把和他们之间的平等放在优先的位置处理关系，并且在平等的前提下做到谦让，千万不要把你的优越条件作为不平等的理由，此种情况下的谦让必定虚假。

原谅是对别人错误的原谅，是错误就会带来损失，也会伤及感情，为了继续相处和合作或者更好地相处和合作，就必须解决好错误所产生的问题，受损的一方就要接受损失，做出恰当的原谅。原谅不是无原则的退让，更不是没有任何反应的忍气吞声或不做计较。任何人对你犯有错误，合理的情商表达是让他清楚给你带来了怎样的伤害或者损失，他需要向你有所付出，才是合乎情理。高情商的人在积极沟通的前提下做出原谅，会让被原谅的人知道原谅了他什么，进而对你心存感激甚至感恩。

当有人需要帮助时，及时向他人伸出援手，既是对求助者的帮助，更是对其他人的感召。因为每人社会资源的不同，一些人难以解决的困难，对有的人来说可能是举手之劳。当你比较容易帮助他人的时候，就要不计回报地及时帮助，这有利于树立你乐于助人的形象，也有利于提高你解决问题的能力。

第六章 情商

较难的情商是更高层次的情商表达，需要更高的理性控制，是成功人士必须具备的情商。

服从不是一件简单的事，服从他人和让人服从是人生事业中最难处理的人际关系，对情商的要求很高，要想在服从中进步和超越，需要智慧。

服从如果只是简单地听命，没有自我的唯命是从，你就是一个仆从，不需要什么情商。如果情况允许，一生认定一个领导，跟随服从，也是一种人生选择。但对绝大多数人来讲，一生需要服从许多领导，有的人的能力你认可，甘愿服从，有的人的能力你不认可，服从却心有不甘。对甘愿服从的领导，一般能力在你之上，没有防你之心，关系比较好处理，在做好领导安排的工作的基础上，可以发挥你的才能，把工作做得更为出色或做出创造性的成绩，不需要花费过多的心思考虑工作之外的关系。对能力不行的领导，服从就比较难，错误的决定和指挥，执行起来有时难度很大。如不服从或直接指出领导的错误，不用几次，领导就会对你有成见，甚至彻底得罪领导。如绝对服从领导，事情都会干糟，还可能毁了自己。高情商的做法是在工作过程中，逐步修正领导的错误，通过讨论、调研、专家意见、更高一级领导意见、请示汇报等措施，向领导施加影响，使领导调整或改变他的决定，逐步趋于正确。这一过程中，最重要的是让领导感到这是以他为主导的调整，你只是得力助手。对那些嫉贤妒能的领导，更要格外小心，不能让他认为你威胁到他的地位或抢了他的风头，需要高智商的处理技巧。

只要是下属对领导就必须服从，对主管领导更需要服从，只是服从的方式、程度、技巧需要因人而异。对缺乏能力的直接领导，在一些比较重大的决策上，必须借助外力改变他，最有效的办法是通过直接领导的上司，使其做出更多的决策，压缩直接领导做出错误决策的空间，把直接领导变成和你一样的执行者，把工作做到让上司满意成为他不能不顾忌的约束。此种情况下，要切记多向直接领导汇报请示，在过程中多沟通意见，充分体现领导的作用，处处维护领导的尊严。

忍，就是忍受艰难、屈辱、挫折甚至失败的痛苦。忍是自律的最高境界，是痛苦中的冷静，是愤怒中的平静，是挣扎中的安然。忍气吞声、忍辱负重、忍辱含垢之忍，都是对人情商的重大考验。

忍能使人不冲动，能够冷静思考得与失、利与弊，不会因冲动而犯令自己悔恨的错误。忍能使人变被动为主动，便于掌控事态发展，不把事情搞得没有退路。忍能使人赢得时间，谋划应对之策，改变可能恶化的局面。

对肆意挑衅者，为保护自己绝对要忍；对蛮不讲理者，为尽快摆脱窘态一定要忍；对愚蠢的行径，为不把自己陷入愚蠢不能不忍；对领导有意的打压，在暂时没有反击办法时，只能忍；对敌手对手为引诱你犯错而施行的一切伎俩，不能无谓而动必须忍；对各色小人落井下石之辱，为防恶劣影响扩大也要适当忍；对偶遇式莫

第六章　情商

名的欺辱或冲突，应主动示弱都要忍。各种忍的情况必须恰当应对，但要严格把握原则，不能因小失大。

做大事者都必须忍常人所不能忍。做大事需要处理复杂的人事关系，解决困难的问题，不时刻记住忍字，就容易冲动犯错误，就会被一些细枝末节的小事羁绊，影响或中断做大事的进程。做的事越大，对手就越强大，带来的干扰、斗争、破坏就越严重，应用的手段就会无所不用其极，需要忍的事就多，需要忍的程度就深，并且许多情况还要忍辱负重。

退包括彻底退出和以退为进，需要人生大智慧。该不该退、何时退、怎么退，对他人之情商和对己之情商的要求都非常高，需要度的把握恰如其分。

彻底退出是对人生决策和选择的完全否定，是人生路上的及时止损，情商低的人做不出这种选择。彻底退出首先要有勇气承认自己决策或选择的错误，对绝大多数人来讲，在感情上难以接受，在该不该退上拖泥带水，浪费了时间，有时会错失时机。其次是退出任何事情，都会有其他利益的瓜葛，贪小利的人难以割舍。

彻底退出不同于拂袖而去，拂袖而去不计后果，不需要情商。彻底退出尽可能不要伤害到自己已有的合作资源，要给自己的退路留下发展的最大空间，这是关键。彻底退出要充分体现自己的主动，哪怕是在不得已的情况下，也要主动处理好一切被动的因素，不可仓皇出逃，力求全身而退。必须让其他人看到，你的退出是理

我的人生哲学

性的、正确的,处理好了一切矛盾和问题,退出是为了东山再起,是为了更好的人生发展。

在人生路上尽可能避免彻底退出的发生,更要避免多次发生。每次退出都会浪费一段宝贵的人生,这对短暂的生命来讲,是最大的损失。但谁都不能保证人生路上不发生彻底退出的事,所以发生时必须果断做出决定。

以退为进的退不同于等待和停止,是避让或退让,有时是为了减少损害,有时是为了积蓄力量,目的是更好地前行。在人生的路上,不管是谁,都会遇上一些事,如果不避让或退让,就会带来更大损害或阻挡你的前行。这些事不管是伤害了你的自尊,还是给你造成了名利的损害,还是已经阻挡了你前行的路,都要坚决避让或退让。

应该避让或退让的事,其原则就两条,和一个人的学识、地位、财富无关。一是不能夹杂任何的逞强,要主动示弱。二是不能夹杂任何对他人的报复或教训。违背了这两条原则,就不是高情商的避让或退让。逞强就必然付出代价,还存在造成更大损失或失败的风险,如果还有赌气的成分,就是鲁莽。报复或教训他人是为了自己出气或拿他人找乐,不是为人应有的德行,还埋下被人反过来报复的隐患。得饶人处且饶人,既以宽宏的心胸给人出路,又有助于自己以退为进目的的实现。

只是减少损害的避让或退让,情况比较简单,该忍的忍,该让

第六章 情商

的让，即使受到屈辱也不必计较。只是为了积蓄力量的避让或退让，事情处于主动，处理也比较容易，把握好时机和度是关键。为了减少损害又要积蓄力量的后退，情况就比较复杂，有时还可能被动。这种情况下，首先是后退之前存在的优势和有利条件，要设法完整地保住，以备在返回时成为先天的优势。其次是如何退，退到什么程度，对自己的损失最小，最有利于寻求积蓄力量的更大空间或机会。

最难的情商是让人服从、让人敬畏。这种情商必须建立在出众的能力和高尚的德行之上，这样的人表达的意见，更具准确性和公正性，意见一旦表述，绝大多数人都会认可，他人难以提出反对意见。这样的人上不敢欺、下不可违，形成不得不遵从的压力，从而让人服从。

出众的能力和高尚的德行形成一定权威，产生了使人必须服从的感召力，就会让人敬畏。让人敬畏的人如是一个服从者，最难的是如何找准机会表达自己的意见，或者把自己的意见变成领导同意的意见或是领导的意见，这些都绝非易事，没有高情商无从谈起。表达自己意见的机会极为重要，不同的机会需要不同的情商表达，难易相差很大。当领导过于重视他自己的意见而不愿听从他人意见时，这不是向领导表述你的意见的好时机，提出任何意见都要格外小心谨慎。如是修改领导的意见，不管以什么方式提出意见，最不可取的是全盘否定领导的意见，可取的是提出部分修改意见，在做出充分说明和解释的同时，斟酌恰当的表述语言。当无法提出意见时，绝不能提。

当某个事情受阻或出现问题时，领导主动求助意见，是最好的提出意见的时机，但最好不要全盘否定前期所做的工作，即使全盘否定也不要明说。提出意见不能表现你的先知先觉，也不能得意忘形，更不能有蔑视的言行，必须绝对放低姿态，以不确定但很明确的表述，说出你的意见。在表述意见理由时，最好尽可能多地引用前段工作给你的启示，尽可能多地肯定前段工作对你意见的支撑，并强调自己意见的不成熟性，只是作为决策的参考，最后由领导拍板同意。

如你就是领导，自然就具有了让人服从的行政权力，必须严格把控的是不能把这种行政权力和你的能力、德行混淆，严防行政权力的淫威使人屈从。所以，你的意见不能轻易表达，防止独断专行。不管你的决策多么正确，过于独断专行都会有损于他人对你的尊敬，也不利于发挥团体成员的智慧。广泛听取他人意见是完善决策必需的过程，有利于决策得更加准确，也是决策必需的程序，有利于强化团体成员对决策的参与，提高成员的主人翁责任感和积极性，加强团队的团结。

当一个人的权威足够强大，说出的任何话，都具有很强的影响力，这是情商不可匹敌的，也可以说权威就是一种无与伦比的情商。这种权威会让人敬畏，但建立这种权威需要有长期的正确决断

第六章　情商

做基础，不同寻常的成就做支撑。

情商和幽默。幽默是艺术的情商，是最具感染力的情商，能弥补情商的不足，能化解情商表达的尴尬与不当。但幽默的尺度极难把握，把握不准就变成了滑稽，一旦成了滑稽，就成了情商的悲剧。

幽默需要深厚的文化知识做基础，还需要精准的语言文字表达功底，同时需要对幽默场景恰当把握。以幽默表达情商需要慎之又慎，即使你的幽默被认可，也不可轻易使用。

第七章

时机和度

善于把握做事时机和掌控做事之度的人才是真正有智慧的人。最佳时机是机会的关键时点，是机会的极值；做事存在最完美的度，也就是度的极值。既能抓住机会又能把握好时机，还能控制度的完美，不管做什么事都能取得最高效能。

机会、时机和度构成做事成功的三要素，没有做事的机会就会无事可做，有了做事的机会必有开始和结束的时机，最佳时机是做事开始的最佳起点和结束的最佳终点，预示着做事最低的成本或最高的成功率。做事的分寸和何时结束是做事必须要把握好的度，度决定着成败和成功的大小，做事开始就要有度的概念，作为最重要因素时时管控好。做事过程中把控好度，做事就会顺利和向着更完美的方向发展，把握好结束之度，以最完美之度结束就会取得最大成功。因而时机和度把控得好不好，对人生成功的高度具有决定作用，只有善于把握时机和度的人才会取得人生更大成功。

有时最佳时机和完美之度是不可分的，在许多情况下，最佳时

第七章 时机和度

机出现度就达到极值。

不管做什么事,当客观条件没有出现或不足、已经丧失或部分丧失,就是时机不对或不好,即使所做的事情还对,这时开始,许多事情就会失败,一些事情只能取得部分成功。当事情已达到完美的度,没有适时结束,时机也会丧失。时机和天时好不好、地利存不存在、人和有没有直接相关。天时、地利、人和相互联系、相互影响,共同构成时机的关键时点。三者在不同的时候、对不同的人具有不同的作用力,所以,不管做什么事,要想把事做成、把事做好、取得最高成效,分析时机、把握时机十分必要,也非常重要。

度是做事过程中进与退或得与失的限度,完美之度就是不可不及也不可过度。自然界万事万物延续发展重要的规律节点需要度之恰如其分,都是自然有度决定了事物的必然发生和完美结局,也决定了事物的完美发展过程。在人类社会行为过程中,在一段时期内,做什么事正确,大部分人能够判定,但做事的时机很少有人把握准确,做事的度把握得当就更难。做事失败的原因很多,但许多是因为没有做到适度或做得过度。

度在中华文化中被高度重视,有着极为重要的文化内涵,并以"和"与"中"集中表述。在修身齐家、为人处世、治国理政各方面都极力提倡"和"与"中"。"和"是调和不同以达和谐统一,"中"是为人处世以求中正。

度要处于恰当的位、恰当的时、恰当的方式,度的合理把控是

我的人生哲学

人生能力的最高体现。智慧的人生要追求"和"与"中"的人生发展之路，绝不能大事小事都采取决杀的处理方式，与人相处和合作要以下围棋的方式取得优势或胜利，不要以下象棋的方式取得优势和胜利，要选择围棋人生，不要选择象棋人生。在和人的竞争和对抗中，不要过于追求一时一事的胜利，要追求最后的胜利。在胜利的方式上是"通盘无妙手"还是"一招致胜"，需要具体事情具体分析，但绝大部分事情的胜利最好以"通盘无妙手"的方式取得。

（一）

之所以说只有善于把握时机和度的人才会取得人生更大成功，是因为事业的时机出现的早晚和时机的好坏对人生事业的起步极为重要，时机来得早，人生起步就早，所做的事重要或影响大，时机就好，人生自然就有高起点。同时，在人生的旅途上，每个时机都能很好把握，一个个高起点就构成了人生一个个大的跃进。做事的时机不仅仅关系到事可不可做，还关系做成事的快与慢和成果的大与小。时机恰当，有天时地利人和，事半功倍，成功就会来得快，成果可能就会大。时机不对，无天时地利人和，做事就会挫折不断，难有好的成果，抑或很快失败。

天时绝不是公平的。自然的适宜与灾害、世界局势的稳定与激变、社会的安定与动荡，对不同的人是不同的天时。

自然界变幻莫测，各种自然现象都会影响人类社会的个人行

第七章 时机和度

为、社会的组织行为，乃至人类社会的发展进程。小小的地球就有热温寒三带，春夏秋冬四时，这是最明显的自然天时，在高度文明的今天，这些自然天时只要不是全球灾难性的，对一个人的成功，有直接影响的已经不多，但做受自然天时影响的大事时，一定考虑自然天时可能发生的突发事件产生的风险，尤其要分析可能导致全盘皆输的风险。

世界局势也是影响做事成功的直接或间接因素。世界联系越来越紧密，相容相通已涉及工业、农业、金融和科技等几乎所有领域。可以说，不管做什么事，都会受到世界局势的影响，必须深入研判世界局势的有利和不利因素、可能的风险。没有世界眼光，要做成大事已是难上加难。做事参考历史上局势导致成败的经验是非常必要的，特别是成功的类似案例，但必须切记：如世界局势这个天时已变，就可能丧失了成功的参考基础。

世界局势变化越来越快这种趋势，给人带来更多成功的机遇，但也给人带来更多失败的冲击。做大事者必须时刻关注世界局势的变化，特别是经济、技术、军事强国的事件，不管是政治的、经济的、技术的、军事的都要关注，任何事件都可能成为改变世界局势的起因，因而成为做事成败的原因。改变世界局势的力量一是人类文明的进步，一是人为政治的肆意妄为。

人类文明的进步主要是技术的创新发展，因为技术对经济和军事的影响具有决定性作用，技术会在短期内改变世界，改变人类生

我的人生哲学

产和生活的方式，甚至改变社会的组织结构。不管新技术的发源地在何方，抓住了技术进步的方向就占据了天时，如果看不清新技术进步的方向，找不准奋斗的对象，或仍抱着即将被淘汰的技术不放，就等于失去了天时，必然不能立于时代的潮头。

人为政治的肆意妄为是对世界局势稳定的破坏，是当今世界主要的局势破坏力量，会给世界带来动荡甚至灾难。深受动荡影响的人，可能被扰乱了奋斗计划的实施，也可能中断或毁掉已有的事业。人类历史已有太多的人为政治肆意妄为的先例，给人类带来了莫大的灾难，处于这个时代的人，不知有多少人失去了本应属于他们的美好天时，也不知有多少人连其宝贵的生命都不能延续。但局势的动荡也给少数人带来伺机而动的有利天时，历史上，动荡的社会也是英雄辈出、枭雄并立的社会。

在通信和交通高度发达的今天，地利已没有传统的意义，不管你在地球的什么地方，都可以做其他国家或地区的事。但不同地区的人才和资源的差异巨大，做事的条件和环境完全不同，要只从做成事的角度考虑，进行地域的正确选择非常必要。

人生最重要的选择之一就是工作和生活的地方。这个选择的重要依据不是你有能力做什么工作，而是你能得到什么样的工作机会和已有的基础条件能支撑什么样的生活。这个选择最重要的原则是：不能选择你的能力和条件只能或难以维持基本生活的地方。如果选择了，就完全失去了地利，找到做成事的机会和时机就很难。

第七章 时机和度

地利是相对的，对别人有利不一定对你有利，普遍认为有利对你也不一定有利。如何选择一个地方，在上述原则的基础上，还要把握好以下尽量不要选择和尽量选择的原则。尽量不要选择的地方，原则一是十年内达不到这个地方同龄人的平均生活水平，基本不能去。这样的地方会使你为生活奔波，不能全身心投入事业，事业难成。平均生活水平的两个重要指标是住房和家庭收入要达到平均水平。原则二是你的学历或其他条件特别突出，但你选择的地方不会给你提供创业的环境或施展才能的环境，事业亦难成功。特别突出的标准是高于或同等学历的人很少且分散在其他部门或单位，和你一起共事的同事学历低且差距大。尽力选择的地方，原则一是这个地方能很好发挥你的专业特长，一是适宜你专业的最权威机构最好在你选择的地方，进入的机会比较大。二是适宜你专业的单位或机构越多越好，可有更多调动机会。原则二是进入的单位具有比较高的社会地位，提升和调动的资源较多，能有更快更广的发展前景。原则三是在寻求更为有利的工作生活地点时，也应有国际视野。结合上述原则，统筹国内不同区域、不同城市，权衡尽量不要选择和尽量选择的利弊，放眼全球，把地利做到最优。

人和首先是国家因素，其次是团体因素，再次是人脉因素，最后是自身因素。

在国家因素中，安定、强大、富裕和制度优势对个人的影响最大。国家是一个人生命中大写的"人"，国家的优势因素就是最广

我的人生哲学

泛的人和,是决定你一生中有没有更多机会、有没有绝好时机的根本因素。除少数具有非凡能力的人,国家在混乱和贫弱时是施展他们才能的绝好时机外,几乎所有的人都要生逢其时,国家才能成为他们做出成就的坚强后盾。

在团体因素中,团体的地位、团体的资源、团体内部的组织力和执行力是一个团体人和不可缺少的因素,特别是组织力和执行力是一个团体人和的灵魂。一个强有力的团体会给予你更多的机会,更多做成大事的机会,你做事就有更多好的时机,抓住时机就容易,也直接关乎你能否很快做成事、做成大事。

人脉因素是其他人和因素无法比拟的,其中有的人就是你人生的贵人。你的人生发展受到某人的关注,就等于有人在为你铺路,也等于有人在为你导航,更等于有人在为你助力。这个人不管是谁,对你都是莫大的帮助。你的人生在成功的路上就会走捷径,甚至被直接委任到成功的座位上。

在自身因素中,首先是情商,如果你是一个高情商的人,就容易建立起和善协调的工作生活圈,营造人和的良好环境,有助于你事业的成功。其次是你的工作成果,取得具有广泛影响的成果,或者令人羡慕的成果,好多人就会主动靠近你。

回望人类历史,许多人创造了辉煌的成就,对人类文明的进步做出了重大贡献。历史给予这些成就的取得许多解释,但后人的解释都是放在历史的长河中,以人类文明或民族冲突为背景,最多的

第七章　时机和度

解释是历史的必然。创造辉煌成就的时机是必然的关键时点，但抓住历史时机却没有必然的人选，也没有必然的团体。在任何时代，能够看清时代大事的人很多，有能力做成这些事情的人也很多，但看准时机、抓住时机去完成的人却很少。历史证明时代大事件的时机出现的时候，只有看清天时、地利、人和才能看准时机、抓住时机促成历史的进步和变迁。

对人的一生来讲，重要时机出现的窗口期也就那么短短的几十年，一般就是三十年、四十年，很少有人超过五十年。也就是说，大多数人的时机窗口期主要就在工作期。但是从广义而言，对己有利的时机终生都有，只是你有没有能力关注到、寻找到，并努力抓住。一些重大的时机没有抓住，对人生的损失是严重的，有时是难以估量的。

出生在哪里、在谁家，任何人都没有选择的机会，是被动的时机，完全由父母决定。但因家庭的差别非常大，给不同的人带来了不同的命运，这个不同就是未来做事机会的多少、高起点机会的多少。这个不同将影响你一生，影响你的人生有什么样的机会，影响你在机会面前有无条件抓住时机。

出生地的不同，出生家庭的不同，决定了你学习条件的不同。不管是谁，入学也是被动的选择。但进入学校，就有许多改善你学习环境和师资的时机，这些时机需要努力学习去争取。时机抓住了，就会为不同的学习阶段和进入更好的学校创造更好的机会，从而为将来有更好的工作创造机会。有的人没有为抓住更好的时机而努力学习,学习期间的许多机会和时机在懵懂中丢失了。

从学习阶段到工作阶段,这是人生的一个重大跨越,这一步跨得大不大、起点高不高,对人生十分关键。有的人抓住了寻找工作的时机,工作地点选择正确,工作单位好,人生起步就不被生活所累,工作前景一片光明。有的人在寻找工作方面没有什么可利用的资源,更需要仔细权衡,要很好利用自己的学历和特长,选对工作地点,使自己的学历和特长成为罩在头上的光环,和周边的人比较,使人难以忽视,成为自己创造良好工作时机的资本。工作期间,要努力为自己寻找和争取更好的工作机会,当机会出现时要不失时机地抓住。

婚姻也是人生重要的时机。到了结婚的年龄就要不失时机地结婚,过早时机不当,过晚失去时机,特别是处于婚姻弱势的女性,婚姻时机的恰当年龄段就短短的五六年时间,不可大意。失去婚姻时机的人,大多是因为设定了不切实际的婚姻条件,少数或忙于工作、或自身条件所限。在婚姻的选择上,是重才、重财、重势还是重色,也需要很好地权衡。要是选择平等、共图未来的婚姻,必须重才,这是未来和谐发展的前提。选择享受型婚姻,对在婚姻中处于从属地位不甚计较,对婚姻未来的稳定与否也不注重后果,可以重财、重势。最不可取的是重色,尤其是只重色,是婚姻的基础性错误,婚姻未来毫无保障。在婚姻的选择上不能什么都要,特别是

第七章　时机和度

不切实际地什么都要和高条件，这等于给自己关上了机会的大门，错过时机就成了必然。任何婚姻的失败，都是美好婚姻时机的错失，只是现实损失有大有小，对未来的人生影响有大有小而已。

生育时机受限因素多，自身难以把控。工作原因、个人物质条件是影响生育的两个重要因素，许多人因此失去生育的最好时机。生育是一种社会和家庭的双重责任，对夫妻感情的稳定和家庭生活的幸福也很重要，没有特殊原因，在结婚后尽快生育子女是正确的选择。早生育子女基本是利大于弊，对大多数人而言，人生事业的辉煌期是退休前的 20 年左右，孩子早出生，利于后期的工作。孩子早出生会更健康，也会得到更多家庭成员的照顾。

不管是谁，退休后能延续自己的工作或进行新的工作，这是职业生涯的继续，如能取得更突出的成绩，人生价值就会得到极大的提升。这样的提升，绝大多数人都难以实现，因为抓住这样的时机很不容易，需要自身过硬的技能素质，还要有人才需求的社会条件。

一个人要想成为社会顶端的人，让人生更为精彩，不仅要善于抓住本职工作的时机，还要时刻关注社会发展进步的时机，抓住社会发展进步带来的一切提高社会地位和创造财富的机会和时机。在一个安定的社会或是一个社会快速发展的时期，都会有大量的个人发展和创造财富的机会，抓住这些绝好时机的人，都会成为社会的佼佼者，走向社会的顶端。

我的人生哲学

对每一个年轻人来讲，要有意识锻炼自己的政治和经济头脑，时刻关注和研究社会的变化，把从社会的变化中捕捉发展自己的时机作为终生的课题。不管你有没有兴趣，也不管学的什么专业，都要尽早学习政治和经济方面的知识，并不断扩展，进行政治和经济知识的储备。储备足够，自然就会对社会的变化具有高度的敏锐性，就不怕抓不住发展和提升自己的时机。

有些时机总是稍纵即逝，特别是最佳时机，难以抓住。有些时机具有较长的时间窗口。稍纵即逝的时机对普通人来说是一种奢望，需要强有力的研究支撑，那些能够抓住的人都有渊博的知识和高于他人的智慧。对普通人来讲，要把精力放在寻找具有较长时间窗口的时机上，看准了再行动，特别是有风险的事，抗风险能力低的人更需如此。

人生成功的时机不会经常有，机不可失。如失去，不可犯急躁盲动的错误，给自己造成大的损失，甚至造成影响一生的损失，应以正确的心态静待下次时机的出现。

（二）

之所以说只有善于把握时机和度的人才会取得人生更大的成功，是因为做事的度不仅关系做事的成败，还关系做事成功的大小或失败的大小。把握好每件事的度，就能取得最高效能，一个个高效能的成功就构成了人生更大的成功。把握度永远要记住：不及可

第七章 时机和度

能功亏一篑，太过常常是过犹不及。就如同配中药和熬中药，如各味药的比例不对，不但治不好病，反而可能存在把人治死的危险。如熬中药的火候欠或者过，疗效就会大减，甚至药效全无。

不管是谁，决定要做的事是完全错误的情况很少。但为什么总是成功的人少，失败的人多？五个主要的原因：个人能力、个人财力、做事的方式方法、做事的时机、做事的度，前两项个人能力和财力不属哲学问题，后三项具有丰富的哲学内涵，做事的方式方法在前几章已基本讲清楚，做事的时机本章已做了重点论述。做事的度是做成事、做好事的关键，把握不好度，什么事都可能做不好，很多时候还可能失败。

欲望之度是人生度的总开关，做任何事情的度都受欲望之度的支配。一个极度贪欲的人，欲壑难填最易走极端，事事都会败于过度。一个心怀贪欲而无才能的人，事事都会表现出利令智昏的蠢行，做事总是失败，一事无成。一个心怀贪欲而有才能的人，不会放过任何名利，在名和利上过度贪婪，做事常常过度而失败。一个知足而无进取心的人，没有贪婪，因做事不积极不主动，不做事或做事不够努力而不成功。一个知足又偏于随遇而安的人，做事不会追求冒险，浅尝辄止，做事难以达到恰到好处。一个知足而有才能的人，做事能够抓准时机，达到完美，能够做到适度。

人生首先要处理好的就是欲望之度，欲望过度的人，人生注定不顺遂。第一，人生难以取得成功，少有的成功也是偶然。第二，必然发生一次或几次让他悔恨一生的失败。第三，可能会发生一败涂地的惨事。第四，一次或多次受到他人的恶意打击。过来人可很好体会以上四点和欲望过度的关系，年轻人要谨记谨防。

人的许多过错和灾祸都是因为欲望过度造成的。欲望是人与人之间产生矛盾的根源，欲望过多或过贪，难免和利益相关者发生冲突，冲突中必然犯错，冲突过激就会带来灾祸。

做事之度没有明确的尺度，也没有好坏的明确界限，难以把控，细究可粗略分为不及或示弱、共赢或求和、过度或穷尽，作为把握度的基准。要把握好做事之度，就必须很好掌控示弱、共赢、求和和穷尽的方式和尺度，严防做事不及和过度，才有可能把事做到最佳，才有可能避免失败。

在中国的处世哲学中，中庸具有广泛而深刻的影响力。《中庸》作为四书五经之"四书"之一，也足见中庸在中国哲学思想中的地位之高。中庸讲的就是做事处世之度，和老子"和"的思想一脉相承，是完全相同的哲学思想。中庸也好，和也好，都是强调做事方式方法要使合作各方都能接受，达到共赢，表现为适宜、适中、折中；不偏不倚；不过激、不走极端、不赶尽杀绝。

当处理一件事情不知如何做到最好，无法把握恰当的度，采取中庸的处理方法无疑是最恰当的，对己对人都留有余地，都不会逼上绝路，最重要的是不把自己逼上绝路。但中庸不是处理所有事情的最佳方法，在这个纷繁复杂的世界，各色人等无奇不有，对丑

第七章 时机和度

陋、邪恶之人和势力,中庸会是一种软弱,会被人利用,会给人过激或赶尽杀绝的机会。所以必须审时度势,准确判断对方动机,看清风险,把握好处事之度。

不及或示弱。做事不及是相对事情的成功而言,该做的事没做或没把握好合适的度,会造成事情的失败或不足。要避免此种情况的发生,在做事之前必须周密谋划,把该做什么、不该做什么、怎么做谋划清楚,最好制定上中下三个方案,相互比较,全面权衡利弊,然后确定最佳方案。在做事过程中,慎终如始,根据事情的进展和各种情况的变化,及时调整所做事情的内容和方法,特别是完成时间很长的事情,最好对原方案进行中期评估,做出科学调整。

示弱是对不停止或不改变就会越来越坏或损失越来越大的事情,要及时停止或改变,不宜计较损失,也不宜计较面子,有时该退让的还要退让。这种情况之一是在做事的过程中突然发现事情做错,发生这种情况绝不可犹豫不决,必须当机立断,果断停止或改变;之二是不管你有怎样的优势,和他人相处和合作,都要以低姿态示人,谦逊处事;之三是自己处于弱势,事事都应示弱,但要不卑不亢,充分展示自信、诚信、阳光和尊严,不可有任何的抱怨、无理、蛮横之言行;之四是偶然的冲突出现在面前,不管你有理没理,还是吃没吃亏,继续下去没有任何好处,平息冲突是至要。最理性的选择是退让,切不可赌气而使冲突继续或恶化。

共赢或求和在许多情况下,不只是简单的是与非的判断和处

我的人生哲学

理,而是复杂的多种是是非非问题的处理,在这些是是非非中,每件事情的度的把握是相互交织的,所以在做事过程中,把握好度是极其困难的,不管哪个方面,只要度把握不好,事情都可能失败。在复杂的情况下,难以把度把控到完美,就把度控制在不偏不倚、适宜、适中,还要时刻自我警惕是否过激、是否走了极端。

共赢是中庸的精髓,更是人生做事之度的精髓。成就自己最好的哲学思维就是同时成就他人,特别是做大事更应如此。如何让一起做事的人共赢,就是做事把握度的最高标准,和你一起共赢的人越来越多,就是共赢努力的方向。要使和你合作的人共赢,对待所有合作者必须不偏不倚,公正处事,公平待人。每个合作者都按其实力,给予适宜的位置和适宜的工作环境,人人都能主动自由地发挥作用,感到你的中正。对于复杂的矛盾和问题,特别是矛盾套着矛盾,问题扣着问题,是非难辨,看上去无从下手,要用折中的办法和措施,破解危局。当你是一个弱者的时候,对强于你的合作者,要时时关注强者的成败,把强者利益和你的利益共同维护,要时刻记住强者胜,你才能胜。

求和也是中庸的精髓,也是人生做事之度的精髓。共赢和求和都需要和与中正,但求和需人生大智慧。求和的做事之度最难把握,能求和的人必定是能成大事的人。独自创立一个和的局面也好,维持一个和的局面也好,处理的绝大部分事情必须把握准确的度才能做好。特别是创立一个和的局面,就是一个微型团体,要走

第七章　时机和度

向成功，对人对事都必须准确把握度。求和难就难在准确了解各方诉求，采取中正的应对措施，调和各方的不同，做到求同存异，在多方不同中达到统一。

过度或穷尽。做事过度是相对事情的成功而言，因过于贪婪，求名或求利过度，事情本已成功而不知止，反而造成事情的失败。判断一件事是不是做得过度难度非常大，取得优势之人的两个本性，一是心态难免不会膨胀，二是贪欲之心更难控制，使人不能客观地做出判断。同时，复杂的外部条件和环境的变化，也直接影响事情是否做到最佳的判断。要避免此种情况的发生，第一，做事之始就要评估事情成功的极限，对极限的出现条件做出预判，在做事过程中不断检视分析，既作为做事过程的修正措施，也防止事情做得过度。第二，时刻记住盈满必亏的道理，不断警示自己是否过度。

穷尽是一种极限情况，就是走到极端或追求无止境，这看上去和中庸、不能过度相违背，实则不然。对一些敌对的事情，就必须做到赶尽杀绝，不留后患，对一些必须精益求精的事情，就要做到尽善尽美。在人生中，分清什么事是穷尽之事非常重要，一些事不追求完美，没有争第一的意志和决心，就不会取得过人的成就。一些事不彻底清除干净，没有除恶务尽的果断，就会给你人生带来困扰。

第八章

学习

知识是人生能走多高的梯子,知识多一点,梯子长一寸。

什么人最穷,不是没有财富的人,而是没有知识的人。没有知识的穷,穷的是精神、穷的是灵魂。

要积累知识就必须学习,要积累更多的知识就必须尽早学习、努力学习、会学习、终身学习。

工作之后不是学习的终止,而是学习新的开始。从工作实际中学习比从书本上学习更为重要,选择能学到知识的工作、能提高自己技能的工作是关键。要成为社会的精英,必须在知识的博学和精专上努力,并主动培养自己的宏观思维、从全局看问题和综合分析的能力。

当学习缺乏动力的时候,学习是辛苦的,学习是乏味的。但对一个进取的人、不懈努力的人来说,学习是一种快乐,学习是一种享受。

第八章 学习

（一）

在任何国家，现代教育的安排是统一的，在校学习阶段，同龄人基本步入同一个学习平台，固定的学习内容大致相同。但许多人的人生差距就在这个齐步走的阶段拉开了，有的人被拉得很大。拉大的主要原因就是没有尽早学习、主动学习。

一个孩子能否尽早学习，是由孩子的禀性和家长的教育决定。如果孩子智商较高，又有好奇心，还能喜静，孩子就具有了尽早学习和主动学习的基本素质。家长尽早给予学习的安排和引导，拿出时间多陪伴孩子读书学习，启发他好奇多问的习惯，孩子就能尽早养成主动学习的习惯。如果孩子比较随性，对读书兴趣不大，家长就要精心挑选儿童书籍，多形式地调换，舍得为孩子买书，找到较为喜欢的读本，千万不可轻易放弃对孩子早期教育的努力。对孩子的学习不可施加过大的压力，更不能学得越多施加的压力越大。加压的限度是保持孩子基本的快乐和自我的心态，切记不要使孩子没了童心童趣，只是呆呆地按照家长安排学习。

当到了一定年龄，尽早学习就不只是家长的责任，应注重培养孩子转变成为自己的责任。尽早学习最重要的是要建立主动学习的意识，并且越早越好。这种意识建立不起来，主动学习就不能成为孩子自己的责任，早学习带来的优势就会逐渐丧失。只有早学习和主动学习很好地结合了，尽早学习才会成为一个人终生喜爱学习、主动学习的基石。

我的人生哲学

只有自我管理能力强的孩子才会努力学习，努力学习才会成为一种自律，也才会成为一种习惯。首先是在学校读书时期，这是每个人学习极为重要的阶段，这个阶段学习努不努力直接决定孩子一生知识的基础，也决定一生学习的习惯和学习的效率。许多人好的学习习惯和方法都是在学校读书时期形成的，这对工作之后，一个人读不读书和会不会读书具有决定作用。工作之后，读书的人和不读书的人、会读书的人和不会读书的人、努力读书的人和不努力读书的人，工作能力很快就会拉开。一个人工作后学习不努力，在其他方面都不会努力，原有的知识优势还会丧失。工作中，每个人都要建立一种意识，不断主动检视自己是不是努力读书、有计划地读书。

努力学习很重要，但会学习更为重要。第一，不管什么学科，基础的东西必须记牢，没有捷径可走。学文必须积累足够的字和词，背诵大量名篇，学理必须记牢所有公式和深入理解原理，并关联理解、融会贯通。第二，要抓住核心要点，一个学科是如此，一个学科的任何部分也是如此。第三，厘清各核心要点间的联系，做到综合性知识的融通。第四，把握相关学科知识内涵和类似知识点的联系，相互拓展视野和促进理解。不会学习就不会明白以上四点或者做不好以上四点，就不会有快速学习知识的学习方法，所学的知识难以转变成工作的能力。

工作之后，不管你从事的是技术工作还是管理工作，都有专门

第八章 学习

的知识支撑，学校的知识都不够充足，需要搞清直接相关的专业知识是什么，尽快补充读书。需要补充研读的书要仔细斟酌、精心挑选。挑选的原则是解决工作职责的急需、弥补学校读书的不足、救助工作和所学专业的错位。第一，补充和你工作业务相关的知识。有的工作接触的行业多、部门多，为使自己的工作更为出色，应对各种复杂情况，需要拓展自己的知识面，必须按照业务的重要性或业务量的大小依次不断拓展学习。第二，对工作特别重要的书，要做到精读细读，不能只是广泛涉猎，无一精通。第三，如遇上你的工作和专业错位的情况，如不尽快补学，工作就会非常困难，时间一长就会落伍，成为单位的配角。必须付出追上或超过对应专业者的努力，在同龄人还没有成为单位主力之前，补齐自己这一致命短板，赢得领导和同事的认可，力争成为佼佼者。第四，以提高自己综合能力为目的读书。一些能提高自己宏观看问题能力、综合分析能力、历史观、大局观等方面的书，要多读，可锻炼自己向全能的人才方向发展。

对一个不断进取的人来说，学习是终生的事。有的人没有养成好的读书习惯，缺少积极和主动，有的人上学读书期间，一直处于外部压力和被动读书的状态，工作之后就基本放弃读书。也有的人工作之后只读娱乐性书籍，再也不读那些枯燥乏味的技术和管理类业务类书籍，读书对工作基本没有什么帮助。一个会学习的人自然就会终生学习，把学习作为工作生活的一部分，一为提高自己的工

我的人生哲学

作能力，二为丰富自己的生活内涵。

终生学习是一种良好的人生态度，是努力提升自己并和他人拉开差距的积极人生。人类在进入知识社会之后，知识是构成一个人的素质和涵养的最重要内容，特别是知识更新极为快速的当今时代，一个人不管什么时候停止学习，思想就会僵化，思维就会停止，素质和涵养就会褪色。只要你还有工作在做，为把工作做得更好，学习既是必须也是必要。即使退休之后没有什么工作可做，为了看懂这个世界，看懂面对的社会，学习也必须坚持，通过学习了解最新的知识，了解世界和社会的动态，丰富自己的精神世界，打开自己的内心天地。如果学习成为一种习惯，对一个人的身心健康具有重大的意义，会使人心态不老，积极生活，快乐生活。

学习不仅仅是从书本上学，还要从社会中学，有时从社会中学到的东西更为实用。一个既善于从书本上学习又善于从社会上学习的人才是一个真正会学习的人，也是学习达到的最高境界。只会从书本上学习，仅是一个书呆子，不能很好解决实际问题，不能做好创新型事业。书本上的知识要变成你工作的能力，必须在实践中应用和丰富，在工作成功与否中进行检验。

一个人在学校的学习是阶段性的，工作之后的学习是终生的，所以步入社会后的学习更为重要。之所以重要，就在以下三个方面：一是学校的学习只是对书本知识的记忆，步入社会的学习重在知识应用，一个极为重要的转变就是怎么应用知识，重在把知识用

第八章 学习

好,在应用中把知识学得更加深入,做到以学促用,以用促学。二是步入社会后的学习无所不包。工作不是考试答卷,对或错不是唯一答案,做对也有很多方式,对的成果也不会基本相同,更不会完全相同,有时相差很大。所以做好一件事,知识技能只是一个方面,它不能绝对保证事情做成或做好,必须具备相关调研、综合分析、组织协调、人力物力筹划、突发问题应对等多方面知识和能力,这些都需要学习。三是步入社会后的学习是随时随地的。社会是一所无所不包的大学,处处有知识,时时有知识。一个会学习的人,在社会活动中看到的都是知识,不管是哪个方面,只要遇到绝不错过,虚心认真、用心努力学习。

中国古语讲艺不压身,知识对谁都一样,越多越好,不但不会成为负担,还是升华自己不能缺少的东西。因此,学习要按以下原则自律:一是任何时候都不能停止。二是自己在工作中的专业知识一定学到精通。三是不管什么知识要能学则学。四是力求精通多门类知识。

逆水行舟不进则退,这话用在学习上十分贴切。学习习惯一旦养成,就要用心保持这个习惯,不管处于什么环境,也不管处于什么工作生活状态,能学习的时候就静心学习。不少人在工作之后,因工作或家庭的缘故,放弃了读书学习,有的忙忙碌碌,有的无所事事,有的因为挫折或失败,心态消沉,无心学习。不管什么原因,停止学习对谁都是莫大的损失。不管是谁,发现自己停止学习或学习上有所放松,都要高度警觉,及时修正。

(二)

工作之后,人生就会变得丰富多彩,但苦辣酸甜咸也会接踵而至,需要处理许多事情,还要解决面临的问题和困难,没有比较全面的知识难以应对,而很多知识不是书本上的专业知识,而是社会知识。工作和生活中,看到的听到的都是学习的鲜活教材,处处时时用心学,对丰富自己的阅历,提升自己的能力,是不可或缺的选择。社会知识的学习不要选择性学习,不要想学的才学,也不要认为必要的才学,什么都要学,能学则学。只有这样才能博学多识,练就多方面能力,成为一个善于应对复杂局面的人,使自己不管到什么单位、在什么岗位、做什么工作,只要不是特别专业的技术工作,都有做好的基础、胜任的能力。

在博学的同时,如能力允许,要力求精通多门知识,极力拓展自己的人生舞台,尽可能地延长人生向上的梯子的高度,这是进取之人必然的追求。

知识的"博"很重要,能提高大局观,也能提高处理宏观问题的能力,但知识的专更为重要。中国古语讲:十门通,不如一门精,讲的就是这个道理。只博不专,你就如同麻雀,只能飞行于蓬蒿之间;只专不博,就如同鸵鸟,可以做业内领头人,但不可能振翅高飞,不可一览众山小;又专又博,就如同雄鹰,既可以做业内

第八章 学习

领头人，也可搏击长空，傲视群雄。

在一门知识上做到专，是一件很不容易的事，需要付出很多努力。人人都应向专的方向努力，起码要在你的业务知识领域的某一方面做到专，不可懈怠。努力就有收获，努力就会攀高。而一个人锻炼自己能有大局观，具有处理宏观问题的能力，难度更高，需要学精学专多门知识，广泛学习较为丰富的社会知识，在学习上需要有方法、有技巧、有毅力，知识上需要有广度、有深度、有合理结构。

学习的知识有管理类和技术类的区别，种类不同对知识的要求不同。你从事的职业是技术类，在相对应的专业技术领域就必须尽力向专的方向努力。努力的方向分三个层次：一是要成为对应专业技术领域某方面的专家，就要在这个方面做到理论和实践的精通。二是成为对应专业技术全面性专家，甚至有所成就，就要在这项技术上做到理论和实践的精通。三是在对应专业技术应用或突破发展上取得成就，常常需要多机构协同完成，在技术上做到理论和实践的精通还远远不够，组织协调和管理能力不可缺少，这方面的知识需要适当学习。

你从事的职业是管理类，要想成为一个内行的管理者，不管学校学的知识是什么专业，即使学的专业是管理类，并且学得很专，所学知识都不足以支撑管理的需要，必须另外学习大量的相关知识才能做好管理。如管理的是一个中小型的或是业务单一的团体，重要的是微观管理的知识、团体内部组织协调的知识。如管理的是一个集团式单位或是一个涉及行业整体的部门，或者是一个谋求大发展的大中型单位，重要的是宏观管理和战略的知识、单位和部门间协调沟通的知识、财政和货币政策、国家的大政方针和法律法规方面的知识。如管理的是一个国家、国家的一个行政部门、国家的一个二级行政区，重要的是政治理论知识、宏观战略知识、国家历史和传统文化知识、财政和货币政策，以及国家的大政方针和法律法规方面的知识。如涉及国际事务、国际战略、地缘政治、外交谋略等方面的知识就非常重要。

一个人要基本看懂世界大势和国家现实，明白重大事件的发生、发展和基本趋势，不要活成一个现实世界的局外人、糊涂人，就要基本掌握本国历史、近百年世界主要国家的重大历史事件、世界时事、世界前沿技术发展、本国和世界主要国家制度政策及其变化。由于世界经济全球化的重要性，要掌握一定的宏观经济知识，特别是财政和货币政策是必须掌握的，相关经济货币的重要术语还应准确理解。这方面的知识极其宽泛，大量阅读有关书籍非常困难，一个极为有效的方法是保持强烈的求知欲，看到不懂的东西就通过选择性读书或互联网积极学习，长期坚持就会博学。

一个人要建立宏观思维、从全局看问题的能力，博学是基础，必须学习的知识包括：哲学、历史、伟人的著作、宏观分析方法，还要读一些相关大事件的书籍。这些知识不需要通学，但要选择性

第八章 学习

地重点学习。哲学重在方法论、辩证法。历史重在改朝换代、历史大事件、伟人思想。伟人的著作首先是自己国家伟人的著作，其次是选择少数对世界演进带来影响的世界级伟人的著作，由近及远选择读起。宏观分析方法要读一些宏观理论方面的书，其中经济和世界大势的分析不能缺少，从中学习分析方法并建立自己的分析方法。相关大事件的书籍对建立宏观思维、从全局看问题的能力很重要，具有实践的意义。

一个人要具有综合分析能力，就必须首先具有一定的宏观思维、从全局看问题的能力，这是综合分析的基础能力。其次是哲学知识，联系地看问题和抓主要矛盾是知识的核心，必须学精悟透，并且在学知识时要和工作职责范围内的实际情况紧密结合，不能脱离。最后要注重调查研究，见微知著，清楚实际情况，才能准确分析判断问题和发展趋势。

一个人不管从事什么职业，一定尽早学好母语、经济金融知识、历史知识。母语决定你的语言表达能力和写作水平，对人生的发展至关重要。任何单位和部门都是能说会写的人在掌管和推动运行发展。不懂经济知识就基本看不懂当今社会经济现象，经济知识还决定你参与社会再分配的能力。在经济高度发达的世界，许多金融工具是向社会开放的，人人都可参与。你没有一定的经济、金融知识，就参与不了再分配，就自断了一条走向社会高层的路子。历史知识是看清现实社会的参照，没有历史知识，就难以看懂现实社会，就不能看清社会事件的前因后果，特别是对每个人都有利害关系的事件，你就不能很好地趋利避害。一句话，你就不能说是明白地活在这个世界上。

（三）

一个人要提升自己、改变自己，学习是主要方法，不可缺少的方法。学习能够提高你的修养，学习能够改变你的工作生活条件，学习能够改变你的命运。

这个世界上没有人认为自己的修养差，但修养差的人很多。可以肯定地说，修养差的人必定读书少，不注重读书学习。腹有诗书气自华，这说明了读书的重要，也说明了读书对修养的重要。一个人要提高自己的修养，就必须多读书、读好书。年轻时首先要选择正能量的书细读细品，以此修正自己的德行，把自己的价值观、世界观、人生观规范到做大事、奉献社会的正确轨道上。重要的阅读内容包括：一是国家和民族优秀的传统文化，二是励志奋斗者的传记，三是为社会和人类文明做出贡献的伟人传记和相关书籍，四是世界优秀文化的典范。有计划有目的地坚持以上内容的学习，到了一定年龄，良好的修养会成为习惯。良好修养形成之后，修养的内涵仍需读书来涵养，不断丰富和进一步使其完美。

检验自己是否有修养，重要的方法就是很好衡量自己是否自私。一个自私的人不可能有良好的修养，起码是没有全面被认可

第八章 学习

的良好修养。一个人有公心、负责任、肯付出，内在修养不会差。修养的外在表达需要用心展示，通过言行举止、行为方式恰当表达，不以自利而戚戚，而以为公坦荡荡，人们自然就会感到你的君子气度。

人生就像爬梯子，一步步登高，但登高需要梯子向上的高度，知识就是梯子的高度。工作和生活中要不断学习，增加向上的高度，追求各方面的进步。人生不管步入什么阶段，提升自己永远需要学习，努力学习才能超越别人、超越自己，从而改变自己。现在许多职业向上的通道就像独木桥，前面的人被推着向前走，或者前面的人拉着后面的人向前走，后面的人很难超越，但不断超越自己的学习不可放松，只有这样才可更加接近前面的人或紧跟前面的人，才会使你具备人生的多种选择，也使你和他人处于同等条件时会做得更好。

当人生学习的知识使你具有选择多种职业的能力时，你的工作生活条件就有了随时改变的基础，知识量越大改变就越快、越大。

知识改变命运对任何人都是真理。读书是人生改变命运最廉价的投资。

读书学习是改变命运成本最低、最有效的努力，当你没有任何资源和条件利用的时候，学习更是如此。不管社会多么不公平，知识水平高的人的人生舞台都会广阔得多，登高的机会必定多。任何人都不要放弃读书学习的机会，并要努力读更多的书。

我的人生哲学

如果不是生活所迫，不要轻易放弃在学校读书的机会。没有在学校读书的机会，就要自己创造学习的机会，放弃读书的机会就等于放弃改变命运的机会。寻找工作最重要的是寻找能够学习知识的工作，做技术精专的工作、知识含金量高的工作是首选。工作一段时间，你就是技术的行家里手，人生上升的通道就会随之打开。在年轻时，只要能够学到提升自己的知识，就不要过于计较苦和累，甘愿吃苦中苦。有的年轻人以自由轻松为由，选择那些简单且毫无技能的工作，贻误自己的青春，是人生的重大错误选择。工作中还要结合你的业务，有目的地读书，加快知识的积累，争取更快改变自己的命运。不管你做的工作多么低端，结合工作读书都不可或缺，这是提高自己改变自己的积极行动，改变命运的机会可能随时出现。

人生的路上谁都难免做一些蠢事傻事，但最大的蠢事傻事就是不读书。当你应该读书的时候，不读书或不认真读书，这是人生最大的缺憾，几乎是无法弥补的缺憾。这一傻事有可能形成你人生的天花板，决定了你人生梯子的高度，难以再度加长。读书学习终生都不应停止，如你选择了停止，就等于放弃了提升自己或把事业做得更好的导师。特别是一个人发展成为社会高级管理者或是专业技术精英，已经很难有人给予工作上的帮助和指导的时候，进步和做好工作的答案只有书本或实践能够提供。

人生难免会遇到挫折和失败，也难免陷入困境，每当这个时

第八章 学习

候,要严防消极沉沦,一蹶不振,毁了终生,最需要的是理性地静下来,摆脱后再度前行。这时最理性的办法就是根据具体情况,思考该读什么书,通过读书静下来,认真反思自己的缺陷、过失,好好谋划自己的未来,是改变、是等待、是退让,要做出正确的抉择。

第九章

智慧与愚蠢

这个世界上聪明的人很多，但智慧的人很少。聪明的人会做愚蠢的事，就是因为缺少智慧。聪明人往往有做事的冲动和成功的自信，如没有智慧，冲动就会变成鲁莽，自信就会变成盲目。缺少智慧的聪明人一生充满着危险，伴随的是挫折和失败。

聪明不等于智慧，聪明也不能自然转化为智慧。聪明主要是指对事物的接受能力，体现为记忆和理解的能力。智慧是综合分析、判断决策、发明创造、应对应变的能力，体现为分析、决策和应对处置的能力。

聪明来自天资和后天的努力学习，智慧来自后天的努力学习和亲身的实践。一个具有良好天资的人，或者天生聪明的人，是上天赋予了你更多生存的技能和做成事的先天条件。经过后天的努力，会有更高的几率变成一个有智慧的人，如生逢其时，还有成就大智慧人生的机会。

聪明人最重要的前提是记忆能力，记忆力要强。首先，记忆力

第九章　智慧与愚蠢

是聪明的根基，一个不能快速记住东西的人或者记不住大量东西的人，聪明就无从谈起。一个记忆力强的人，就会掌握更多人类文明的知识，理解事物就更为准确，其内心世界就会宽广，在判断是非和处理问题上就可能会有更全面的视角。其次是学习勤奋和努力，在学习的深度和广度上下更多的工夫，掌握的知识就会更多，在知识的全面性方面就会超过更多的人。

（一）

聪明的人因其掌握更多的知识，更容易变成有智慧的人。

重大的事、复杂的事能不能做成，能不能做好，不是靠聪明，而是靠智慧。

一个人的智慧不由他知识的多少决定，知识多不一定有智慧，但知识的多少决定智慧的层次，大智慧必须有足够的知识来支撑。智慧最重要的构成要素是利用知识的能力、观察认知世界的视角、处理事情的方式和方法、奉献社会的境界、敢闯敢干的胆识，以上五个方面对个人智慧至关重要，缺任一方面都不会形成大智慧，都不会做成大事，都难以成就智慧的人生。

利用知识的能力决定一个人是否有智慧。记住知识是为了应用，如果知识的应用只停留在述说上，没有创新应用，不去解决技术和社会问题，推动知识的创新发展，知识只是被翻印式地传承。科学技术知识用于发明创造，社会科学知识用于解决社会问题，推

我的人生哲学

动社会组织和管理的进步,这是掌握知识的人智慧的表现,是智慧成果的具体体现。不会利用知识的人,不管有多少知识,都不会有智慧。会利用知识的人,只要掌握知识,不管多少,他都是一个有智慧的人,最起码是一个有一技之长的人,有的人甚至将自己的一技之长发挥到极致,成为权威,这虽然不是什么大智慧,但却构成了社会智慧的稳固大厦。

观察认知世界的视角决定一个人智慧的高度。世界是在不断变化和进化的,任何知识都不会告诉你世界的今天能否不这样,也不会告诉你世界的明天会是怎么样,但智慧的人会利用已有的知识观察这个世界,以其认知世界的独特视角,发现世界未来的趋势。没有观察认知世界的独特视角,就不能发现社会进步的正确方向或社会发展的价值所在,也不会洞察科学技术的前进方向。

一个人要有观察认知世界的独特视角,首先需要相关知识的面和某些知识的精与专,才会有能力多视角观察认知世界,从而形成自己独特的视角。其次要有联系的思辨、历史的逻辑、哲学的思维,这是智慧高度的基座,这三方面的能力越强,基座就越高,一个人利用知识的能力就越强,观察认知世界的视角就越精准,智慧的起点就越高。

任何人观察认知世界的视角是有局限的,几乎所有人对世界认知的范围都只是局部,这其中具有智慧的人推动着社会和科学技术的改良,以其个人的技术能力或管理能力创造着社会的财富。这其

第九章 智慧与愚蠢

中没有智慧的人在有智慧的人的带领下,共同推动着社会的运转。极少数人能够比较准确地认知整个世界或以精准的视觉观察宇宙,这些人引领社会和科技文明的进步方向,推动人类文明的不断进步。

处理事情的方式和方法决定一个人应用智慧的能力。没有正确处理事情的方式和方法,智慧形不成力量,就做不成大事。大事业需要调动社会的力量和资源,要有大智慧,应用智慧的能力就特别重要。

处理事情的方式和方法有智慧,首先必须持开放的态度,让你的智慧形成广泛的影响。一个人做事方式和方法开放,才能展示他光明磊落的心胸,大气高远的格局,兼收并蓄的宽厚。其次是讲原则。只有讲原则才能汇聚做成事的一切有利因素,才会把稳做事的方向,不被其他因素干扰,从而做到锲而不舍奔向既定的目标。不管是大事还是小事,不讲原则都难以成事。最后是以共同利益为利益或以他人利益为利益。任何事情都会涉及利益的获取和分配,做任何事情都不能以个人利益至上,也不能以小圈子利益至上。要做大事业,只有成就他人,并且更多地成就他人,才会获得个人的成功。

奉献社会的境界决定应用智慧服务社会的广度,是大智慧的最重要要素。智慧者不可自私,自私就会步入歧途,智慧用在大公无私上,才可成就大智慧人生。自私是智慧的大忌,自私之人有小伎

我的人生哲学

俩,不会有大智慧。自私之人可以做成小事,但难以做成大事业,即使偶尔做成也不会长久。一个一心奉献社会的人,其事业的起点必定高,他学习知识的视野和应用知识的范围就会着眼全社会,一切社会活动的行为就不会被私心禁锢。

敢闯敢干的胆识是智慧应用的发动机。没有胆识,应用智慧的第一步难以迈出,迈出了也会瞻前顾后、犹豫不决,仍然是没有智慧的结局。胆识是一个人的行动力,果敢的行动力就如同智慧有力的翅膀,能使智慧冲高,能使智慧驰远。

(二)

一个人要想有智慧,特别是大智慧,就要在两件事上做好,下足功夫,一是潜心研读书本知识,二是积极投入社会实践。读书就不能死读书,更不能读死书。要把书本知识读活,找出知识的精华,认真思考,深入理解,变成自己的知识,变成自己的思想要素,工作方法,处理事情的指引。

人的一生读书不在数量的多少而在质量的好坏,重要的是读与你理想、事业、工作、生活有关的书,切实读懂书,提炼出知识的精华,汇集于你的脑海,组成知识的宝库,宝库的内涵和功用要不断丰富,扩大你智慧的外延和增加智慧的深邃。

宝库的内容不能是各类知识的叠加,更不是杂乱无章的堆砌,是各类知识构成的网络体系,相互联系,构成思想的经纬网,互为

第九章　智慧与愚蠢

理解的注释，互为应用的依据，互为支撑行为的逻辑，互为智慧的启迪。只有这样，才能把学到的知识转化为智慧，在工作和生活中自如应用。

有的人一生读了很多书，但只是为了猎奇和作为茶余饭后的谈资，甚至是夸夸其谈的炫耀，不但没有形成智慧，反而不乏对书中智慧的歪曲。也有少数人对所读之书内容精通，讲起来头头是道，有人还有颇多的著书，但仅仅是旧书的整理或再编著，没有形成新的知识，更没有形成智慧。

社会实践有历史的和现实的两类。历史的社会实践不能亲身投入，但可通过人类历史的记录去体验、去感悟。在学习一章提出要读历史，读历史重在读更朝换代、历史大事件、伟人思想，就是要抓住重要历史部分去体验历史社会实践。现实社会实践要拿出精力对你工作的直接领域和国家以及全球重要事务进行全面了解、综合观察、分析思考、判断认知。对你工作的直接领域要首先了解，做到既全面又把握重点，对发展方向要尽力做到精准研判。如能力所及，对国家以及全球重要事务必须进行了解，特别是影响世界发展进程、改变社会形态、引发区域灾难的大事件，通过读书学习和时事学习，能够对全球大势做出较为准确的判断，对个人的智慧会有极为正面的影响。

历史社会实践和现实社会实践是贯通一体的，不可割裂认知分析，只有从现实反观历史，再从历史鉴证现实，才可准确认识社会事物的发展方向，形成智慧的社会行为。

一个人注重书本知识和社会实践知识的积累，学识得到提高，就要强化智慧要素的锻炼和提升，提高自己的智慧水平，否则就可能没有智慧或智慧很差，愚蠢的行为就会时时和你伴随，你的学识有时会使你的愚蠢更可怕，会给你带来更多损失甚至灾难。

一个人发展到一定高度，学识和智慧就成为做事成功的两个支撑，学识是软支撑，智慧是硬支撑，只有智慧够硬，学识才会得到创造性应用，从而变成硬支撑。两个支撑都硬的人，就会稳步前行，成为一个大智慧者，一个人生的大成功者。

一个聪明而缺乏知识的人，具有奋发的意志，在符合社会进步潮流的舞台上，在一些实践行为为主导的领域，积极投入社会实践，通过实践积累丰富的社会实践经验和应对社会变化的能力，以具体工作成绩论英雄，也会成就智慧的人生。

一个不太聪明的人，在其有限的能力范围之内，极少数人也有智慧，这种智慧体现于左右逢源、任劳任怨、踏踏实实、趋吉避凶。如在平庸的时代，天时给予良好的机遇，或受惠于人和的持续惠顾，也会成就个人较高的社会地位和较丰厚的经济所得。

（三）

人不仅有没有知识的愚蠢和有知识而无智慧的愚蠢，还有智慧不能正确应用的愚蠢。任何人都要记住，不能做无知识的愚蠢，也

第九章　智慧与愚蠢

不能做无智慧的愚蠢，更不能做不能正确应用智慧的愚蠢。

智慧的应用是一件很难的事，更需要智慧。智慧该用时则用，不该用时绝不能用。要很好地应用智慧，必须充分理解下面这个小段子。一个团体需要解决某个问题，这个问题假设就是一块石头，但这块石头被一块红布包着，同时还装在一个盒子里。你很清楚地认识到问题就是一块石头，并很直接地表达了你的意见。如果团体里的所有人都认为这个问题是一个盒子，你就很愚蠢，因为傻瓜都看得见这是一个盒子。如果团体里一部分人认为是盒子，一部分人认为是红布包，大家都会怀疑你是不是愚蠢，因为没有一个人和你看法一样。如果团体里认为是盒子、红布包、石头的都有，领导对这个问题的认识和你不一样，你是少数不会得到领导的认可，你是多数也难以得到领导的认可。

所以，智慧的应用不能随心所欲，要应用得好，需要高情商。如果你很有智慧，就有能力在应用智慧上做出正确的选择，找到充分发挥你智慧的方式，把你的能力应用到最好。

第一是做自己能够做主决断的事。一是完全由自己组建事业团队，一切由自己决策，充分发挥你的智慧。二是在一个团队内，尽量选择上级领导干预少，自己能有更多自主权的部门，但前提条件是这个部门能做大做强做出成绩。

第二是发现和抓住应用智慧的机会。在一个大部门做小角色的时候，就要积极寻找应用智慧的机会，要善于抓住两个机会，一是单位谁都不愿碰的难题，要敢于挑战，可毛遂自荐。二是看准单位的瓶颈和短板，建议组建解决的团队，毫不谦虚地挑起这个重担，为单位解决问题创造效益。

第三是明智的等待。在没有任何机会的情况下，绝不能犯以上段子的错误，宁愿不发一言。时机不到，宁做一个不发言的愚蠢者，绝不做一个发言的愚蠢者。千万不可有这样的心理，认为反正我对，说出来早晚都会被证明。在一个大的机关、大的单位，是极其愚蠢的想法。因为即使在不久的以后，你的认知被证明是正确的，领导也会从他认知的时点算起，绝不会说你早就看清。如果时间过得更久，领导已换，同事也多有更换，你的认知更是无人提及。只有等待是明智的，因为时机不对，对的东西无法被认同，对的人也不会被认同。

第四是寻求改变。在一个环境中，无法找到发挥你智慧的机会，就必须果断寻求改变，改变你工作的单位或工作的方式。

第十章 前行

　　主张积极入世的人，在前行和静闲之间，应坚定前行，前行不止。可以静闲，但静闲是为了更好地前行，坚定前行会成为退休后高质量静闲的保障。

　　人人都要清楚，前行的路不会一帆风顺，但都应前行不止，前行不止应成为每个人的信念。前行的方式会时有不同，有时需要百米冲刺，就必须咬紧牙关，拼尽全力，不可有丝毫的迟疑；有时需要马拉松式长跑，就必须坚持到底，不可有任何停歇和松懈的念头；有时如举重训练，是和对手的竞赛，也是和自己的竞赛，必须不断战胜自己，向着确定的目标冲刺；有时如足球比赛，既要坚守自己的位置，又要时时冲破自己的位置，但最重要的是找准冲破对方球门的突破时机，形成有效前行的攻击。

　　人的一生很短暂，80岁寿命是长寿者，可以说是比较漫长的岁月，但算来不足3万天，却是可怕的短暂。可供人生前行的时间不多，奋力冲刺的时间更少。

我的人生哲学

人生基本可划分为4个阶段，学龄前、上学期间、工作期间、退休期间。学龄前谈不上前行与否，但在父母主导下的前行对许多孩子具有重要的人生意义；上学期间静闲是一种奢侈，过于放飞自我的静闲是一种自我损害；工作期间前行不可停止，但静闲可以是前行追求的生活方式、前行的调整；退休后必然以静闲为主，仍然是工作状态的前行是人生难以多有的选择。

（一）

前行必须和人生发展方向同向。不管什么人，如果前行和自己的人生发展方向相悖，对未来前行的路将造成重大影响，并且影响基本是负面的。

上学读书是人生的需要，也可以说是人生的必需。自从上学开始的那一天起，这是一条无可选择的前行之路，在这条路上，只有坚定前行的人，才会走出一条未来光明的人生大道。在求学的这段人生路上，人人都背负着同样的社会、家庭和个人责任，充满着艰辛。在这条路上几乎没有静闲的时间，假期和升学那短暂的闲暇，是极为奢侈的，一些奋力求学的人基本不奢望这种闲暇，而是利用好这段时间，弥补自己的短板，提升自己的优势，极力前行。但是有的人在这段无可选择的人生路上，没有付出努力和艰辛，把闲暇的奢侈直接变成了人生的享受，大好的青春在自己的懵懂中浪费了。许多人为这种懵懂的浪费付出了终生的代价，严重损害了自己

第十章　前行

该有的美好前程。

求学无疑是集体赛跑，大家跑的是同一个赛道，不奋力前行必定落后。从小学到高中，每个国家的学生所学的课程内容基本一致，不同于工作，多行多业，各有各的领跑者。学业完成得好不好，不仅同班同校可比，甚至同城、全国都可比。在求学的这段路上，任何人都不可不努力、不可不奋发，不可停止前行的步伐，甚至不可有丝毫的懈怠。

步入社会参加工作，选择不同的工作就等于选择了不同的竞赛场，不同的赛场有不同的前行规则，还有不同的技能要求。对人生极为严峻的是：在一些赛场你可能具有绝对的竞技优势，在另一些赛场你可能竞技优势全无。

找一份完全适合自己的工作很难，但选择什么样的工作，要充分考虑自己的特长，尽量不要和人生发展产生方向性的错误，要用好自己的长处，不是万不得已，不要以己之短博他人之长。切记两点：一是不能受你缺乏技能支撑的所谓爱好影响，选错了赛场，因为许多技能性工作不是谁都能做的，防止自己在赛场上挤不上竞赛的赛道。二是不能受社会时代特征的时髦影响，选错了专业，因为不适合你技能特长的专业，再努力都难以冲到竞赛的前面。

前行必须和时代进步同向。前行要和时代进步同向、和国家需要同向，这是人生价值和社会价值统一的基本人生价值观。时代进步的声音就是对人生的召唤，只有感受到这种召唤并响应召唤的

我的人生哲学

人,才会融入时代前进的洪流,前行的努力才会变成推动时代进步的力量。国家需要也是时代进步的组成部分,任何人都应积极投身其中,为之奋斗,有时即使牺牲个人的利益,也要义不容辞。

前行必须和社会正确同向。社会发展有时会出现错乱,一个清醒的前行者必须要有正确的判断,站在社会正确的一边,沿着社会正确前行。社会正确代表着社会发展的方向,是国家的未来,尤其是在社会更替和变革的时期,社会正确的一方就是社会进步的力量,决定着社会的新生。

人人都要记住,前行的路不可误入歧途。前行没有和人生发展同向、时代进步同向、社会正确发展同向,就存在误入歧途的风险。误入歧途有少不更事、缺乏社会经验的原因,而在大是大非的人生选择上,有时会有方向判断的原因,走错了人生前行的路。因此,在人生前行的路上必须格外小心,有时需要清醒判断方向,有时需要仔细判断风险,有时需要认真分析艰难程度。

前行应自强不息。自强是前行的动力,不自强,前行的动力就会减退,甚至消失。要想前行得更快、更远,就必须自强,时时刻刻都不要忘记自强,成为一个强者。

要成为能力的强者。不管进入哪一行,都要不断提升自己的能力,抓住任何机会,利用好一切时机。一个能力的强者就能冲入竞赛的第一方阵,成为行业的主力军。

要成为意志的强者。一个人如果没有坚强的意志,在困难和挫

第十章 前行

折面前就会倒下，前行就会中断。意志力是一个人在前行的道路上战胜困难的精神力量。一个意志的强者，当前行的路出现坎坷，就会主动研判情势，改变思维，转换策略。当前行的路不可通行，就会坚决停下来，寻求人生前行的新方向，果断转换赛道。

一个能力和意志的强者，必定能成为人生竞赛的领跑者。

（二）

因为处世态度的不同，有的人在奋斗的路上生命不息，前行不止。前行不止的人将人生的价值深置于创造和探索之中，将个人的快乐与个人对社会的贡献和奉献紧密结合。有的人在前行的路上寻求静闲，寻求静闲的人生空间，为自己创造一定的物质基础后，在可自主的静闲中寻求快乐。

对几乎所有的人来说，静闲是奢侈的，不管是求学期间、工作期间，还是退休之后。求学期间的静闲几乎是不可取的，因为激烈的人生竞争，只要稍有懈怠，就可能在同龄人中掉队，受损的是你今后更多的静闲或是更高质量的静闲。工作期间可以寻求有更多静闲的工作，在工作中享受静闲的乐趣。可以在工作之余安排更多的静闲，这需要你尽早取得经济优势。如果你有很好的运气，父母等长辈为你创造了良好的经济基础，静闲成为你的自由，这是人生的幸运，但不能沉迷于这种静闲。不是自己奋斗得来的静闲，会让人懒散无聊，会消磨人的意志，可能会让人一事无成。退休之后的静

我的人生哲学

闲很少有人能达到经济自由的静闲,只能采取自娱自乐式的陶醉,提高静闲的精神境界,但要实现更高质量的静闲,必须有经济条件为前提,同时身体的健康也是重要的因素,二者缺一不可。

健康的静闲是人生的良好取向,为了更好地前行和修养心身的静闲就是一种健康的静闲。人在前行的路上累了,需要心身处于静闲的状态,坚砺心志,颐养精气,振奋再前行。有的人在前行的路上,或在退休之后,沉浸享受静闲的生活,融入奇妙自然的享受也好,归隐精华文化的享受也好,灵魂超脱俗尘的精神享受也好,都是前行路上美好的人生。

静闲要有助于前行,要有助于成功的人生,要有助于提高成功人生的质量。静闲既是美好人生的部分,更是成功人生的部分。

第十一章 领导能力

领导有两种，一种是行政领导，一种是学术领导。

学术领导靠的是学术上的地位和权威，在一定学术领域产生影响，形成无形的感召力。如何成为一个学术领导，在第九章学习中有所论述，本章不再赘述，以下重点论述行政领导。

领导就应担当，不愿担当不敢担当的领导绝对成不了称职的领导，也绝对成不了受人拥护的领导，更成不了做成大事的领导。

当今世界是精细分工和大联合的工业化、信息化时代，一个没有领导能力的人很难做成大事，甚至很难做成事。因此，想当领导这个目标是正当的，不应被曲解，更不应被指责。

关于领导的艺术、驭人之术、权力之争、权力自保等方面的著述多如牛毛，有的过于理论化，有的没有实用价值，有的过于空泛。本章聚焦实用，从合作的角度，论述领导为人处世应有的德行和能力。

从合作的角度，做领导没有那么复杂的学问，但必要的条件必须具备，否则就做不了领导或做不好领导。重要而不可缺少的条件

我的人生哲学

是以下五个方面：文字功底、谨慎、理性、决策能力和管理人才的能力。文字功底是领导素质的基础，谨慎和理性是领导也是合作的灵魂，决策能力和管理人才的能力是领导能力的核心。

很多受过正规教育的人，缺的不是做领导的机会，而是没有很好研究如何做好领导，缺乏做领导的能力或没有抓住做好领导的机会。

（一）

任何想成为领导的人都要有领导意识，在经组织程序任命成为领导之前，努力锻炼自己的领导能力。在这个锻炼预备期间，做得好、进步快，必须有一个先决条件：文字功底好，要么会说，要么会写。这个先决条件是做领导的自身素质基础，没有这个基础就做不好领导。

只有文字功底好，才能有逻辑地表达清楚任何事情。你或者你在的团队计划要做的、正在做的、已经做的事情，当需要表述出来的时候，只有文字功底好，不管是说出来还是写出来，才能条理清楚，让人明白，也才有能力用更动听的言辞、更吸引人的讲述、更让人信服的宣扬表达。文字功底好还是领导成就和发挥组织能力、指挥能力、动员能力不可缺少的前提条件。

文字功底的形成，读书期间的学习是基础。任何人在学校学习期间，都要把学好本国的母语作为第一要务，练就较高水平的文字

第十一章　领导能力

表达能力。工作之后，也要时刻注意提高自己的文字表达能力，尽快了解你所在单位的文稿风格和最习惯最重要的文字用语。在读书期间，没有打好文字功底，工作之后就必须努力。最能见效的办法就是快速学习单位的文稿以及与单位有关的文稿，速记套路和重要工作内容，快速打好一个照葫芦画瓢的文稿写作技能的基础。

从某种角度看，可以说不管在什么单位，经常写稿子的人就是单位的"隐形领导"。如果单位领导没有预先的想法，有关的工作思路、工作措施、发展方向等基本由文稿起草人提出，单位发展的大小事务也由起草人谋划。如果单位的文稿多由一人起草或整理成稿，此人对单位的整体工作了解最全面、理解最系统，经过一段时间，渐渐就具有了将来有一天领导这个单位的一定潜质。

在单位的重要岗位，又有机会能为单位多写文稿，这是锻炼领导能力最好的途径，是走向领导岗位的捷径。

大多数人并没有为单位经常写文稿的机会，但阅读学习单位的稿件，理解掌握稿件的内容，这个机会基本是摆在那里的，就看你有心无心，努力不努力。所以，不管在什么单位，要锻炼自己的领导能力，第一是通过研读单位的稿件，掌握单位的全面工作，认真熟悉重点工作，并且注重同类单位材料的学习和研究，扩大自己的视野，开阔自己的思路。第二是尽力参与单位的多项工作，包括事务性、杂务性工作，提高自己同时处理多项事务的能力，同时利用一切机会在工作中增加自己在单位的作用，扩大依赖你的人群，进而提高自己的重要性。第三是单位的工作不管大事小事，都要形成自己的意见，利用一切机会印证你的意见和主导人意见的契合程度，不断分析你的意见的正确与否，在需要你发表意见的时候能够迅速表述。第四是主动追踪重要和复杂事情的处理，尽力了解过程，结合自己的看法分析过程处理和最终结果是否正确和恰当。第五是通过工作和共同相处的活动，观察其他人的能力、德行和性格，学会识人。第六是处理好家庭事务，建立在家庭甚至整个家族的亲和力和威信，可形成以你为核心的家庭构架，发挥你的协调和主导作用。

现在，少数年轻人进入一个单位，以彰显自我个性和个人自由为傲，对工作挑挑拣拣，该负责任的事对付了事，能不参与的事能推则推，怕苦怕累，对公共事务概不伸手。这种工作态度对个人能力的提高极为有害，对领导能力的锻炼更是谈不上。这种没能力还要个性的人，会被所有的人嫌弃，最终等待他的只能是失败的人生。

自己创业者在成为一定规模企业的领导之前，也必须努力做好做领导的准备。文字功底不是最重要的，但必是重要的方面，并且随着创业规模的不断扩大，文字功底就会越来越重要。有扎实的文字功底将有助于事业走得更远。

一个人的领导能力是人生最重要的能力之一，在未做领导之前加强领导能力的锻炼，就像知识储备同样重要，对未来做好领导、

第十一章 领导能力

不断升迁、做成大事具有重要作用。

（二）

具有生杀予夺权力的领导极少，并且这个权力在民主的现代社会不可滥用。具有影响民众以万计的领导也很少，而多数领导直接领导共事的不过几人、几十人、几百人，领导的想法需要这些人来具体策划和落实，这就决定了几乎所有领导者和被领导者的关系最本质的是合作，领导者只是在合作关系中更为主动，所以合作是领导艺术的核心，也是领导最有效的方法。领导极为关键的是如何利用这种主动，提高领导力。作为领导的这种主动要变成一种绝对的权力或感召力，形成让人甘于服从的领导力，必须建立在让人尊崇的德行之上。

任何领导都是从基层做起，从小到大，基层做不好也就没有到大的机会。作为基层领导、小领导，甚至绝大部分高级领导，都没有发号施令的绝对权力，和下属的关系必须充分考虑如何合作。领导要和他人合作好，就必须放低姿态，行使权力也要体现亲和力。要避免把自己的主动变成霸道和强权，就必须时时保持谨慎，事事保持理性。

谨慎和理性是领导最重要的德行准则，是作为领导不能缺少的，是做好领导的必要条件，能弥补许多领导能力不足的缺陷。谨慎和理性的人才能少做错事或做事中少犯错误，才能处理好复杂或困难的问题，才能做成创新性事情，才能和他人建立融洽的合作关系。一个领导缺乏谨慎和理性，为人处世必然冲动，有时会刚愎自用，有时还会鲁莽行事，其他方面的能力都会因此丧失。特别是一把手的不谨慎和不理性还会给单位带来风险，使单位难以向上发展，大概率是走下坡路。

谨慎既是一种自律，也是一种防范意识。谨慎不仅仅是对复杂的事、特殊的人，对任何事任何人都应如此，要有如履薄冰的小心、如临深渊的警觉。谨慎包括谨慎为人和谨慎做事。

做了领导，最易犯的毛病就是自我意识膨胀，自信增强，对人趾高气昂，喜欢决策拍板。谨慎为人，一是在自我能力评价上不要高估自己，切不可把自己的官位看成能力，不可轻易否定他人的意见。二是尊重和平视所有人，和被领导者平等相处，杜绝高人一等的言行，无论什么情况都不伤人面子。三是以能力或德行服人，任何情况不发淫威、不以势压人。四是以严格的原则性、纪律性和公平公正立威。五是大家的个人困难，利用个人和单位的资源提供合法合理的帮助。

谨慎做事，就是时刻谨记不管做什么事，特别是做决策，必须三思而后行。任何事情都有一个开始和实施的过程，要取得成功，开始不能错，实施过程也不能错，所以做事的第一谨慎是做出决策，要分析清楚决策的条件或依据，计划好决策执行的程序或步骤，研判清楚实施的困难或风险，评估决策成果的成效。第二谨慎

第十一章 领导能力

是实施过程中不要轻易改变事情本身的重要事项，也不要轻易改变做事的原则、程序、核心成员。第三谨慎是慎终如始，经常研判和及时化解过程中出现的一切不利因素，适时做出改变和调整，直至事情成功。

理性是领导这个岗位的锚，一个没有理性的人在领导的岗位上很难坐稳。理性不是天生的，需要有意识地强化自己的理性。理性最差的人，强化要从最基础的做起，逐步递进，最基础的理性状态就是不喜形于色，这是最基本的自我情绪控制。进而不自夸不抱怨，这是考虑他人的情绪控制，由己及人，心理情绪具有了社会性。如果能够做到荣辱不惊，这种情绪的控制就完全达到了理性，就具有了处理大事的心理素质。最高理性是情绪达到不受情感支配，只受人生目标的得失利害控制，理性将会达到不受外界任何因素支配的最高高度。

理性是发挥一个人智慧和能力的轨道，只有理性才能让智慧和能力正确地发挥，带你成就更加辉煌的人生。没有理性，智慧和能力就不会得到正确的应用，不理性的行为常常堵塞你智慧的大门，折毁你能力的风帆。

理性突出体现为领导的心理素质和应变能力。好的心理素质必须处变不惊，临危不惧，处理任何事情都保持清醒的头脑、清晰的思路、沉稳的心态，理智辨别是非和利害，真正做到无事如有事时警觉，有事如无事般镇定。心理素质要强，最重要的是抵抗外界冲击的能力，要有处变应变的定力，面对外界的突变心绪不乱，心智清晰，心态淡定。

一个领导面对突发事件的应变能力包括：一是镇定的心理素质。二是对一切事情变化的预判和提前做好应变的预案。三是快速分析判断，预估突变的性质、利与弊的程度。四是快速确定应对的部门、人力物力。五是快速制定应对措施和应对方案并立即组织实施。面对重大突发事件的应变，最重要的是稳定人心、稳住局势、提出应对措施，以上五点就显得极为重要，做得好才会把控全局。

（三）

领导应具有的能力很多，一个具有高超领导艺术的领导必须具备全面的领导能力，但最重要的能力就两个，决策能力和管理人才的能力。这两个能力之所以重要，就是因为它们是领导能力中最基本的，是核心领导能力，缺少任何一个都难以成为一个把事做好的领导，更成不了可以做大事的领导。

领导的重要职责就是决策，决策时保持谨慎和理性，以谨慎和理性的态度和他人合作，为他人创造充分表达意见的氛围，为自己创造多听意见的渠道，监督决策过程执行人严格履行决策程序，决策就会更加正确。当领导做到一定层次，许多决策已超出其业务范围，除了极有智慧的领导，决策能力就体现在理性和程序上的谨慎。作为基层领导者，在确定做出决策之前，第一，问问自己是不

第十一章 领导能力

是冲动做出，确认没有冲动。第二，听取了多少人的意见，有多少反对意见，反对意见是怎么否定的。第三，自己或委托决策的人对决策事项的可行性认可态度是否坚决。第四，决策议事程序是否完整执行，重大事项是否经过充分讨论或咨询。

任何领导都要牢记，自己主管范围内的事项，比较重大的决策必须最后由自己拍板决定，不可全权委托他人。一个放手决策权的领导就等于放弃了领导权，即放弃了你主管单位或部门的领导权，你的领导地位被取代就只是时间问题。

管理人才的能力是一种需要情商和智慧并用的能力，有能力的领导，不仅仅是识人善用，更重要的是在使用人才的过程中，以自身的能力和德行，影响和教诲他人提升能力，打造不断强大的团队。

识人善用首先是识人，识人是做领导特别是高级领导不可缺少的能力，用好所有的人，不只是有能力的人，是领导的最重要领导能力。有能力的人对任何团队来讲，都是最宝贵的财富。把最重要的事交给有能力的人，这是用人的至要，是识人善用的至要。用好有能力的人，必须坚守以下基本原则：一是有大用、要长用的人必须德行好。二是限制下属的权力可多可少，但必须明确，对不限制的权力不可随便干预，更不可经常干预，也不可越级指挥。三是要领导好有能力的人，判断和决断必须干脆果断。四是不必过于肯定下属的成绩，但要善于发现和纠正他工作中的错误和问题。

我的人生哲学

培养好能力差的人。很有能力的下属毕竟是少数，大多数能力平平或能力较差，如何用好这些人对单位的整体能力和发展非常重要。有的领导时常抱怨无人可用，在工作上经常指责下属的无能，这从一个侧面反映了领导自己的无能，不是一个好领导。一个有能力的领导，比用好有能力的人更为重要的能力是把能力差的人培养成有能力的人，使其在你手下进步成长，能担大任。培养和使用好能力差的人要把握好几个原则：第一，对那些德行好又虚心好学的人，安排在比较重要的岗位，给予锻炼发展的空间。第二，使用初期，不可给予过多权力，特别是决策权要严格限制。第三，如不是自己亲自领导，必须安排一个有能力的领导去领导。第四，对其工作要定期听汇报，重要工作及时听汇报，及时纠正工作偏差。第五，对其工作成绩要及时表扬、肯定和鼓励，给予信心，确立自信。对其工作中出现的错误和问题要以单独讨论的方式纠正，并仔细分析原因，指出正确的方法或做法。

改造好有缺陷的人。完美和基本完美的人不多，许多人都有这样或那样的缺陷，极少数人的缺陷很难改造，这类人可以选择辞退或者放在一个无关紧要的岗位，但大多数人不能不使用，使用的原则就是在使用中改造他们。

有能力但有缺陷的人是改造的重点，要充分珍惜和尊重这样的人才。第一，大胆使用，但在岗位安排时尽力规避其缺陷对工作的影响。第二，利用其缺陷产生的问题警示其认识缺陷的严重性和危

第十一章 领导能力

害，促其改正。第三，不拿其缺陷说事，不用其缺陷伤其面子。第四，因其缺陷伤害到的人，要指导其主动和解，更好合作。

能力较差且有缺陷的人，只要在德行上没有过大的问题，应该既要改造又要培养。第一，安排从属的岗位，业务上有人带，德行上有人制约。第二，注重业务培训和学习，多安排讲座，请一些熟悉业务的人讲讲课，教授相关业务。第三，各级领导都要主动进行业务指导，工作开始要多研究、多讨论，把事情搞清楚。工作过程中要多检查，及时纠正偏差。对其缺陷多提建议，提供改正和提高的机会。

（四）

如你所在的单位是总部机关，不管你有无领导职务，相对基层单位你就是上级。虽然和基层单位的合作关系不是那么密切和直接，但合作还是重要关系，必须认真对待。不可对基层颐指气使，趾高气昂；不可不深入调研基层情况；不可不听取基层意见；不可不解决基层诉求。

（五）

官场是最复杂的人际关系场，存在激烈的竞争关系，德行好的人是大多数，但德行差的人也不在少数。甚至一些人为了在升职中取得优势，不择手段，采取打压、诬陷、诋毁、造谣等不道德行为。

我的人生哲学

要在官场发展，必须时刻告诫自己：害人之心不可有，防人之心不可无。这是对自己的双重保护，一刻都不能大意，必须警觉，在一些关键时段要高度警觉。大意就可能使一些能力和德行不如你的人得逞，自己就会落败，这样的落败大概率就成为你向上通道的瓶颈，通道被阻断或不再畅通。

在官场上想靠害人上位的人，必为有能力或德行好的人所不齿，同时靠害人上位的人不会次次得逞，也往往不可长久。在官场上要谋求身正名正之官位，就必须做到能配位、德配位。

在官场上没有防人之心，没有警觉，长久不受他人伤害几乎是不可能的。针对你身边的竞争者，必须分析各种情形，时刻防范被伤害的可能。一是有关大是大非的伤害。在人的一生中，总会遇上大是大非事件，不管是社会性的还是单位方面的，都要防止可能的竞争者和后来者利用发生的大是大非事件，不择手段对你的恶意伤害，其意图就是把你打压下去，抬高自己。这种情况下被打压，会失去上级领导的信任，还可能完全丧失升迁的机会。二是在关键上级领导那里的诋毁式伤害。有的人会利用诬陷、造谣、埋雷、搬弄是非等手段，损毁关键上级领导对你的信任、期望、个人情感，其意图就是改变领导对你的良好看法，取而代之。这种情况要保持敏感，及时觉察，及时戳穿。三是造谣生事，损毁你的形象。造谣加害于你或对你小的瑕疵夸大其词，背后指指点点，说三道四，其意图就是挖空心思把你搞臭。这种情况要沉着应对，利用一切机会澄

第十一章 领导能力

清事实，证明自己。四是搅局式伤害。当你有什么好事时，想方设法把事搅黄，其意图就是自己得不到，也不会让你得到，有时甚至会自杀式搅局。

在官场，存在一些两面人，笑里藏刀、暗下狠手、背后捅刀，不能只看表面，要善于识别他人内心。上述都是必须时刻提防的可能情况，比较常见，一次中招，就可能成为终生的憾事。

第十二章

付出

付出有甘愿付出，有必须付出，有不能不付出，有被迫付出。有得到回报的付出，有得不到回报的付出，有不需要回报的付出。

一个人甘愿付出的作为越多，或者不需要回报的付出越多，其社会价值就越大，本人具有的智慧和能力就会越高，生活就会越幸福。

许多人有甘愿付出的德行，为社会默默地做着奉献，但也有许多人不愿付出或只求索取，所以付出包含着人生百味，其中滋味千差万别，不同的人会有不同的感受，同一种付出有的人会感到是甜的，有的人会感到是苦的，有的人会感到是涩的。付出的人生意义，人人都需要深入体会，品出其中真味，才会深谙人生哲学的真谛，成就有价值、幸福、完美的人生。

（一）

付出就是人生的天道。人生来就注定不是寄生者，付出是生存

第十二章 付出

的天道；人有繁衍后代的自然天性，付出是延续生命的天道；人有追求美好生活的理性，付出是人性竞争的天道；人有幸福和痛苦的精神感受，付出是幸福的天道；人有民族和国家属性，付出是取大义的天道。

在人的世界观、人生观和价值观三观中，价值观决定人生，最为重要，影响着行为的方方面面。错误的价值观就会产生错误的思想意识和行为方式。

正确的价值观思考的是如何付出，而不是如何索取。甘愿付出的人把付出当责任，把付出当收获。付出带来的是满足，是精神上的享受，不管付出多少都包含对社会和他人的价值。索取带来的是贪欲，不管索取多少，都是一种贪欲对精神的折磨，有时索取越多这种折磨会越重。

对不愿付出和只求索取的人而言，付出是人生最纠结的事，付出之初纠结的是要不要付出，付出之中纠结的是能得到多少回报，付出之后纠结的是得到的回报太少。对甘愿付出的人而言，付出是人生的价值追求，为付出而努力，为付出而奉献，甚至在国家和社会需要的时候，付出自己的一切。只有甘愿付出的人，才会得到真正的幸福。

有付出就有回报，但回报的形式各种各样。从哲学的角度讲，只有甘愿付出的人才会有成功的人生，索取的人注定是失败的人生。重视索取的人追求的是看得见的价值回报，或者时时不忘实物

我的人生哲学

价值回报，时时计较的是个人的得失、眼前的得失。肯付出的人生哲学是为公、为他人，符合人类文明进步的先进性和社会性，在付出中自然得到社会的回报，并同时成就自己。索取回报的人生哲学是自私自利，付出时总是算计自身利益，因计较回报的多少而不愿付出，一些该干的工作不愿做或做不好，最后影响的是自己的能力得不到提升，其次展示的是个人具有缺陷的德行，最后会造成团体或社会所得的损失，自然就减损了自己的回报，有时因造成的社会损失太大，反而毁掉自己。

（二）

任何付出都会创造价值，人人都应追求创造高价值，并应追求自我价值和社会价值的高度统一，更好回报社会，造福他人。

在人的一生中，首先是在他人的付出中成长，然后是在他人和自己的付出中增长知识和才能，有了一定的技能，用自己的付出供养自己和服务他人。

任何付出都会涉及自己和他人，有的付出好像只有自己受益，有的付出好像是自己和他人共同受益，有的付出好像只有他人受益，但实际上你的任何付出，从多角度看，自己都会受益。所以，不管什么情况，只要付出是必须、付出是应该、付出是责任，就必须毫不犹豫地付出、努力地付出。

对自己的付出是人生最基本的付出，这种付出最重要的是使自

第十二章 付出

己更具社会价值，提高自己对社会的贡献能力。一个人对自己都不努力付出，很难做到对他人、对社会甘愿付出。肯对自己付出的每个人都需要有责任感和很好的自我管理能力，知道什么事情重要，认识到责任，然后努力去做。人生对自己最重要的付出就是学习，与之相比，对自己的其他任何付出，都微不足道。

人生要不断进步，不断超越自己，就必须学习。在学习上努力、刻苦，坚持终生，这种付出必须要有责任的感召，自我管理的定力。一个人成熟早，深知自己学习的责任，首先建立为自己和家人负责的责任感，肯在学习上为自己付出，是人生春天一般的起步。工作之后，为家庭和社会负责的责任感进一步提升，为提高自己的能力，坚持学习，把为自己的付出转化为承担社会责任的付出。

对家庭的付出是为社会付出的开始，这种付出最重要的是不求回报，只是一种责任，在辛劳面前不抱怨，在牺牲面前不讲任何条件。一个人甘愿为家庭付出是人生价值追求的第一步，有能力为家庭付出，是人生价值的跨越式提升。甘愿为家庭付出，努力为家庭付出，是追求美好生活的不二天道，本身也是对社会应尽的责任和应做的贡献。

要对家庭成员付出。家庭成员主要是父母、配偶和子女。对父母的付出要充分体现孝道，饱含温情的尊敬和顺从，不能伤害长辈的自尊。随着父母年龄的增长，重要的是让他们感到你的真实存在，不管你地位高还是低，安排更多的时间陪伴他们，是不能缺少的付出，或者让他们知道你在做大事、重要的事，为你自豪和骄傲。即使父母有能力满足自己的物质需求，为父母提供适度的物质享受，过上更体面和为之自豪的生活，也是不能缺少的物质关心。

对配偶的付出要充分体现尊重和平等，而且要做到自然而然，一些重大和艰难的付出必须同时付出尊重和平等的真情。夫妻之间的付出无论多少，都不要改变双方平等天平的平衡。对配偶的情感付出是最重要的付出，没有情感的付出，其他任何付出都是施舍。情感付出最不可缺少的是信任的情感，信任是平等的基石，信任情感的付出是夫妻恩爱走向永远的根基。情感付出最宝贵的是负责任的情感，负责任的情感会使夫妻恩爱充满温馨和甜蜜。所有的付出都充满着信任、负责任，夫妻间就会达到无我的美满境界。在物质上，通过自己的努力为家庭创造更好的物质条件，是对配偶付出的最切实利益，会充分体现夫妻双方之另一半的家庭价值。

对子女的付出要充分体现无条件和有原则的结合。子女必要的事，按照你自身实力可负担的度决定无条件还是有限度，子女非必要的事，必须按原则。像读书学习这种必要的事，你实力可负担就必须无条件，实力不可负担就必须有限度。像享受生活这种非必要的事，必须按原则，实力允许可提供更好的生活享受，但限度要控制在不影响子女进取和努力奋斗的意志，付出绝不能达到溺爱的程度，这样会毁了子女的未来，还可能破坏家庭的正常生活。对子女

第十二章 付出

那些无理和非分的要求,要尽一切努力拒绝。

对团体的付出要充分体现积极和努力,在付出中提高自己,通过提高自己为团体做出更多的贡献。在刚刚参加工作进入一个团体时,你的付出就必须从点滴做起,做好点滴工作争取更重要的工作,从而提高自己付出的价值。对承担的任何工作都要付出最大的努力,力争将事情做到尽善尽美,使团体的利益因你的付出而增加,不要因你而受损。对具有明显社会效益的工作,要更加努力,力争创造更多惠及社会的成果。

对社会的付出要充分体现奉献和无私,不能计较回报。当一个人在事业上取得较大成就之后,就具有了为社会做出贡献的能力,他的付出所取得的成果可能惠及更多的人,甚至能为人类文明进步做出贡献,其付出就难以用规定给予的回报计量。当付出具有很高的社会价值,这时的个人付出就不能计较个人所得,需要更加努力地工作,奉献自己的智慧,为社会创造更多的价值。

对国家和民族大义的付出要充分体现奉献和牺牲精神,甚至为大义付出一切。人一生最神圣的付出是为国家和民族大义的付出,这种付出是民族精神之魂,民族文化之根,民族尊严之基。愿为国家和民族大义付出的人都是国家和民族的脊梁,特别是那些为国家和民族终生奋斗的人,是民族的英雄,是人类文明进步的精英。

第十三章

失败

大到一个国家、一个民族,小到一个家庭、一个人,能否持续发展,不断走向新高度,不仅要看顺境中怎么走,还要看在逆境中如何应对。逆境中最重要的是如何应对失败,失败不可怕,可怕的是一败再败,再无机会。

失败是成功的代价,失败的代价必须付得起,代价付不起的失败要作为追求成功的红线,绝不触碰,或者触碰时及时改变。

做事是为了成功,绝不能不怕失败,要时时忌惮失败,时时提防失败,时时避免失败。欲思其成,必虑其败。做事不评估失败的可能性和失败的后果,那是蛮干,那是赌,在一些重大事情上甚至是在搏命。

"失败是成功之母",这是对追求成功者的误导,麻痹了追求成功者做事开始的谨慎,也麻痹了做事过程的慎终如始,成为许多失败者彻底失败的根源。自古以来,"失败是成功之母"成为多少责任者推卸失败责任的借口。失败不是成功之母,它绝不是成功的土

第十三章 失败

坏，更不是成功的种子，最多只为成功带来经验和教训。又有多少失败者因失败丧失了成功的资本和基础，最终归于难以再向成功迈进的惨淡结局，甚至一败涂地，永无翻身的机会，其中不乏丧失生命者。

"有志者事竟成"激励了无数人，也让许多人走向成功，但有志者的决心和毅力只是成功的必要条件，不是充分条件，决定不了最后的必然成功。成功没有充分条件，只有必要条件，成功都是许多必要条件共同成就的结果。

许多人回首走过的人生，感到的是落寞，甚至落魄或者落败，这其中难免有对自己过高期望的心理因素，但主观和客观的原因很多，并且多种多样，其中规律性的原因人人都是相似的。

绝大多数人的失败感都来自过高的期望和比较产生的落差，过高的期望和比较产生的落差一是没有看清自身存在过多失败的缺陷；二是和同龄人、同学历的人、同学、曾经的同事比较，造成的心理落差；三是自己生活中的困难带来的困境，产生的凄苦的心境。这些失败感，不是人生的真正失败，只是一种过高估计自己的错觉。

人生真正的失败是错失成功必要条件的失败。对任何人来讲，成功的必要条件都是一样或相似的。失败的必要条件：第一是知识储备不足。第二是关键时候选择的舞台不对。第三是把握不好做事的时机和度。第四是智慧不够。第五是没有得到机会。第六是没有

我的人生哲学

利用好机会。第一、第三、第四的相关内容在前面的相关几章中进行了充分的论述。

因知识储备不足这一条件失败的人最多，也是许多人失败根子上的原因。知识的差距造成人与人之间能力的差距，知识越不足，做大事的能力和做事完美的能力一般就越差，这是第一差距。第二差距是到达人生平台高度的差距，知识不足就难以到达更高的平台。第三差距是做事成功的差距，知识不足做事成功的概率就低。

选择的舞台对人生的成功和失败有重大影响。对绝大多数人来讲，人生舞台的选择有太多的无奈，有的舞台极其美丽，但你却没有选择的条件甚至权利。而对有条件选择的舞台，做出错误的选择就可能造成人生的失败。人生最重要的关键选择，其一是在校学习与不在校学习的选择。有的人由于命运的不幸，失去在校学习和继续在校学习的机会，这自然是人生最大的缺憾，但有的人因为自己选择了不在校学习，是人生选择的最大错误。其二是大学专业的选择。有的人不考虑自身爱好和天赋，只看大学排位和知名度，不考虑专业，进入了自己毫无兴趣的知识领域，扼杀了自己的天赋。其三是学校毕业后就业的选择。就业选择不管如何无奈，在可选择的范围内，要充分判断舞台对你的适宜性，有的舞台不符合你的专长和优势，有的舞台符合你的专长和优势，但你没有参与竞争的实力，这样的舞台都不能选择。其四是就业后的再选择。一个人在就业前对工作性质的了解总是有限的，工作之后就要尽快了解从事工

第十三章 失败

作的基本概况和行业的总体情况，分析工作是否适合你，如果特别不适合，就尽快调整，再次选择。其五是直接领导的再选择。如果你上面的一级二级甚至三级领导在能力和德行上存在过大的缺陷，就要分析对你前途和才能发挥影响的负面程度，如果影响的负面程度很大，就要在可能的范围内调换岗位，更换领导。

把握不好做事的时机和度，事情选择得对也会失败，在第八章中对时机和度已经做了详细的论述。在现实中，太多的人做事没有时机和度的概念，甚至一些高级领导也无时机和度的概念，做事总是失败或把事情做得一团糟。对一般人来讲，失败就是一事一时的失败，但对高级领导而言，失败常常给社会和民众带来巨大损失。做事的时机和度很难把握，但不管做什么事，都要分析时机对不对，做事的过程中都要时刻研判度的过与不及，否则都会面临失败的结局。

智慧不够也是多数人失败的重要原因。关于智慧在第十章中进行了详尽的论述。现实中极其固有的认知是领导就是正确，这往往不在于领导自己这么认为，而在于许多人仰视领导或者逢迎领导而美化领导的愚蠢。这种愚蠢造成无数事情的失败，积累起来，产生社会性失败的巨大风险。

没有机会使许多人不得不为机会奔波，也有许多人因不公平而失去机会。不管在什么社会，机会是最不公平的资源，有的人得来极为容易，有的人得来极为困难，甚至有的机会永无得到的可能。

机会之所以称为机会，是因为有的机会具有取得成功的大量资源，有的机会是不会失败的机会，或者更为简单地说：具有有利条件可以成功的事情就是机会。得到机会的人更容易成功甚至必定成功，失去机会的人必然失败。常言说"机不可失时不再来"，说的就是好多事情的机会不会常有，有利的时机存在的时间往往很短，过了这个时间，许多机会就不再是机会。

机会只有被智慧的人把握，才会把事做成功、做完美，而且在做事的过程中制造更多的机会，做成更大的事，做成更多的事。如机会掌握在没有智慧的人手里，只能勉强把事情做完，也可能把事情做失败。

在社会管理部门或大型企业的上层，许多履行职责的部门对谁来说都是机会，没有风险，工作只是程序，只要机械地执行就会成功，这些成功者难以成为智慧者，最可能成为极为正统的形式主义者或颐指气使的官僚，只会就问题谈问题，马后炮式地整顿表面性问题，问题的实质矛盾仍然积累在那里，因而可能引发多发性失败或系统性失败。

没有利用好机会，也就是常说的没有抓住机会。除去客观原因，自身原因要么知识储备不足，要么选择的舞台不对，要么没有把握好做事的时机和度，要么智慧不够，这是成功必要条件相克相欠造成的失败。其中知识的储备是可以改变的，在利用机会的过程中知识储备是可以补充的。因成功的必要条件不足而抓不住机会的

第十三章　失败

失败最让人沮丧，也最让人后悔，因为这种失败多数是功亏一篑。

在现实中总有少数人，自身最缺少的是成功的必要条件，但无自知之明，自觉怀才不遇，面对不如意的现实，牢骚满腹，实际却是百无一用。这种人不满现实并满腹抱怨，不仅不能取得成功，反而会败得很惨。

失败，对每个人来说都会遇到，但要有正确对待失败的态度。力求不败少败，不要败在不努力和懒惰，不要败在穷奢极欲，不可耻辱之败，不可一败涂地。

在人的一生中，只有最大限度地减少失败，才会走得更远、更高，取得更大成就。每次失败都要深刻反思失败的原因，总结其中的教训，作为今后的借鉴。但必须切记，每一次失败的原因都有其相似性，却都会不同，总结教训和吸取教训也应灵活变通，不可呆板教条。只有善于总结和吸取教训的人才能减少失败，绝不能简单地以"失败是成功之母"为自己开脱，开脱越多将会失败越多。

许多人的失败就败在不努力和懒惰，这是人生最不应该的失败，但恰恰是这种失败使一些人的人生黯然失色。有的人上学读书期间不努力和懒惰，没有打好知识的基础，工作的能力差，做事常常失败。这部分人中的一些人意识到自身问题，能及时改变不努力和懒惰的毛病，失败会减少。但这部分人中的另一些人终生不努力和懒惰，失败伴随一生。有的人没有受过多少正规教育，还不努力和懒惰，人生往往最为失败。

我的人生哲学

有的人已经取得了很好的成就或是前辈打下了很好的物质基础，但因追求穷奢极欲的生活方式，败掉了一切，这种断崖式的失败，不管能不能东山再起，都极具悲剧性。奢欲本身就是人生灾祸的一大根源，人世间有多少取得成就甚至是巨大成就的人，因奢欲而一败涂地，例子比比皆是，但许多人追求奢欲的劣根性蠢蠢欲动难以抑制。不要因奢欲而失败，每个人都要时时提醒自己，保持清醒的自律。

人生总会遇到一些事情，不能不和他人竞争或较量，有些失败是无法躲避的，但要避免的是耻辱的失败。耻辱的失败必须严防：不能自取其败，不要不设限的惨败，不要因自己施以没有道德底线阴招导致的失败，不要对手为击败你而不计成本的失败，不要代人受过的失败。

失败可以但不可一败涂地。做有风险的事要对风险进行评估，充分研判后果，留有失败的余地，或者是失败后有翻身的机会。不可押上全部，甚至借贷押注，否则将一败涂地，甚至赔上身家性命。

第十四章 成功

一个人是否成功是一个很难界定的事，因为没有统一的标准。在中华文化里，古人对成功有定义，以"三不朽"高标准提出"立德、立功、立言"，这是对圣人和民族英雄级别的成功界定，普通人无法达到。

从古人对成功的定义可以做如下释义：立德是成功者的德行为社会和后世树立了行为规范，立言是成功者的思想著述教化了社会和后世的人们，立功是成功者的文韬武略成功改变了国家形态或社会历史进程。这"三不朽"的成功者都具有不可磨灭的历史地位，当然都是伟大的成功者。

从短暂的人生历程评价成功，有的人热衷于利，有的人热衷于名，有的人为人类正义的信仰奋斗。从名利衡量，高位官职和获取大量的金钱无疑是成功的；从信仰衡量，为信仰奋斗而取得成功的无疑是伟大的成功者。

以人生智慧衡量成功，最智慧的成功者必定是那些抓住时机创

我的人生哲学

造成功机会的人和那些能转危为机而后成功的人。这些智慧的成功者，大智慧者改变了世界、改变了国家、改变了社会。小智慧者极大地改变了自己的社会地位，走向了社会的高层。

具有伟大而辉煌人生的人是极少数，几乎所有的人都是普通的人、平凡的人，成功不能从人生如何波澜壮阔、如何辉煌、如何伟大评价，也不能从个人的志向评价，更不能从个人的期望评价。要注重实际，从平凡的人生评价，要从个人心身境界，定义普通人的成功、平凡人生的成功。所以是否成功的基本标志是：身体健康，心境安宁，静思愉悦，退一步无憾。即使那些伟大的成功者，也要把这四项成功的基本标志作为成功的重要内容。

健康对成功的人生极为重要，没有健康本身就是失败，没有健康就不能支撑成功。健康是干事业的本钱，是人晚年最重要的成功因素。任何人都应从有自我管理能力开始，严格管控自己，如不是特殊使命、巨大责任，就不要做损害自己健康的事。更要选择正确的生活方式和工作方式，有意识地提升自己的健康水平。从青年时期就要设定：中年时期出现危及生命的健康问题是人生最大的失败，把直到退休都有健康的身体作为人生最大的成功目标。任何人都要时时记住，如果没有民族大义需要你付出生命，都要保护自己的生命，使自己一生平安到老。

心境安宁是成功，而且是巨大的成功。心境安宁必是心身健康、生活无忧、工作无压力、事业有成、心无贪欲。身体健康没有

第十四章　成功

生命的痛苦和生命受到威胁的担忧，心理健康没有精神的折磨。生活无忧标志着家人的和睦、家庭的幸福美满。工作无压力说明你对工作满意，同时证明你的工作能力出众，甚至卓越。事业有成标志着实现了既定目标或实现目标的历程顺利。心无贪欲说明你是一个知足之人，心境自安，并且从没做过有违道德良心和违法违纪之事，心无惊扰之负担。

静思愉悦表明你能够静下来，这本身就是成功的境界。在学习和工作阶段，静思而愉悦的人说明在各个方面都无贪欲或都基本成功，同时也表明你是一个乐于付出之人。退休后静思愉悦就更为重要，证明你有一个基本满意的职业生涯，一个可以放下一切的家庭氛围，一个淡泊名利的心态。

退一步无憾是对自己成功的自我评价，不能苛刻对待自己，评价自己的成功都要退一步看，只要退一步没有志向的过大缺憾，基本满意就要知足。不知足就会影响自己工作的心情和定力，不能安心工作，也不能努力工作，事业的成功就会受到干扰，人生的最后成功就可能受到影响。特别是退休之后，对自己是否成功，更要退一步评价，以便放下过去，安度晚年。

在比较功利的社会，许多人把个人金钱和官职作为衡量成功的标准，因没有正确的人生观和价值观，有的人为这个目标付出了心身健康的代价，有的人甚至触犯道德法律的底线，有的人还走向了人生的不归路，这种成功不仅不能算是成功，而且是人生的彻底失败。

我的人生哲学

商场和官场都充满着贪欲，不为贪欲所累的人很少，能正确对待金钱和官位的人就更少。金钱能够衡量许多事物的价值，但作为衡量人生成功的尺度是完全错误的。就如同人世间一切有价值的东西都贴上金钱的标签，社会就没有了道义、没有了道德底线和正确的价值取向一样，人生的成功用金钱衡量，人就失去了信仰、失去了社会责任，甚至丧失了良知。眼里只有金钱的人，必然利欲熏心，在做出决策和选择的时候，就会看不到金钱肮脏的一面，只会把金钱看成是世间最美的东西，追求金钱的过程中就可能置道义和良知于不顾。官位具有控制资源的巨大价值，这种价值对应官位的高低又有巨大的差异，如把官位作为衡量人生成功的等级，就会引导一些人为谋求官职不择手段，也会造成一些人在为国家为人民利益需要付出的时候，不作为、不担当，而是处心积虑谋求个人利益。

金钱和官职作为人生成功的目标追求是社会价值观的扭曲，是社会道义的滑坡。人生成功的正确追求应该是为社会做出什么贡献，金钱和官位应作为人生成功追求的社会回报。一个人对社会的贡献和社会给予的回报是辩证统一的关系，有贡献就必有回报，贡献越大回报越多。如果一个人把贡献作为成功的追求，就会在提升自己能力和努力工作上下功夫，对社会做出贡献的能力就会越来越强，自然得到的社会回报就不断增加。如果一个人把金钱和官职作为成功的追求，就不会在如何多为社会做出贡献上下功夫，更想投

第十四章 成功

机取巧，有的人可能走上邪路、歪路，自己能力的提升就会落后，成功的必要条件就会逐渐丧失，这些人几乎都得不偿失。即使极个别的人得到成功，那也是一时，能够"平安"走完人生路的少之又少。

要想走对成功的路子，对普通人而言，不管在什么岗位上，都要脚踏实地，努力做好自己的工作，履行对社会应尽的责任和义务，为社会的稳定和有序运转做出贡献，必然得到社会给予的回报。能力超群的人，能对人类文明进步和文化发展做出贡献，必然得到社会给予的更大回报。

"学习是为了赚钱"和"工作是为了赚钱"让许多年轻人为了眼前的小利，失去了走得更高更远的机会。金钱对人的生存很重要，如果一个人不能赚得一定的金钱维持生活，在赚钱上必须努力。但有了一定的基础以后，就不能把金钱盯得那么紧，要着眼于自己的事业，着眼于人生成功的更高目标。更高的目标大概率会成就更大的成功，成就更多的社会回报。

现实中，"学而优则仕"的封建理念也不知害了多少人，也让许多年轻人失去了走得更高更远的机会。一些年轻人对为官到了痴迷的程度，完全不珍惜自己的专业特长，把自己的高学历作为进入官场的敲门砖。有的为进官场浪费了几年的大好青春，有的进入了一个毫无用武之地的部门，有的进入了一个毫不适合自己的部门，有的被人事争斗搞得信心全无。还有那么一些做学术的人，也是奔

我的人生哲学

着仕途而为，一旦学问上的资本能通往官场，就义无反顾地谋个一官半职，享受着官场聚光灯的荣耀，满足于官场的虚荣。

人生成功的路很美好，人生成功的路也需要梦想，但却不能有太多的梦想，梦想的前景也不能设想得过于美好。任何人都要正确面对现实，特别是自己的现实，踏踏实实工作和学习，为自己的成功铺通路架好桥。要想成功、尽快成功，要在以下4个方面做好：准备充分的成功必要条件；踏实努力地工作；得到更多人的认可；尽快取得一项成功。

成功必要条件在第十四章中从失败的角度进行了较为全面的论述，那既是失败的告诫，也是成功的前提条件。为准备成功的必要条件，在人生起步的时候就应按部就班地、一刻都不放松地进行，但在工作的某个特殊阶段，就要灵活处理。处于新的就业状态或岗位的重大变化时，需要的新知识，就要通过学习来获取，缺什么补什么，起码补到不影响工作的进行。

踏实努力工作是追求成功的最正确行动，是追求成功最扎实和取得更多成功的正确路径。一个人成功的必要条件要真正成为成功的条件，就必须通过踏实努力的工作来实现。只有踏实努力工作的人，才会把事情做成、做正确、做到完美，才能应对挑战性工作，并且还会弥补成功必要条件的不足。在追求成功的人生路上，往往是那些踏实努力工作的人走得更稳，走得更远，成为最后的成功者。

得到更多人的认可，只靠踏实努力工作把事情做好还不够，还

第十四章 成功

要应用你的情商。成功者会得到他人的认可，踏实努力会让人更加认可，但没有高情商，会给你的努力大大减分，甚至会成为一个被利用的人。踏实努力工作的过程和取得的成功，要用你的高情商表现出来，让人了解，增加他人对你内涵的认可，提升他人对你认可的程度。

尽快取得一项成功是一个人不断取得成功的开端，这个开端越早越好，成功的影响越大越好。一个人取得初步的成功就会有利于稳定自己的生活或工作，这是下一步成功的坚强后盾，如果生活和工作稳定不下来，取得成功就难上加难。一个人带着成功的光环，无论到哪里工作，都会得到重视，自然就有了更多的机会。一个人切记不要频繁更换工作岗位，在单位间跳来跳去，到了一把年纪还一事无成，这是阶段性惨败，是人生最不可取的失败。

要想取得巨大成功，就必须把自己的成功目标和国家的命运或发展方向紧密结合。想干大事需要有奉献精神，特别是在国家利益和个人利益发生冲突的时候，奉献就不能计较得失。奉献是正义的召唤，形成的是民族的力量。能在奉献社会事业中取得巨大成功的人，必定有高尚的德行，这德行无法用他的官职和财富衡量，也就是古人所说，取得了立德、立功、立言的成功。

第十五章

珍爱生命

　　出世哲学认为：人和自然万物没有什么区别，来到这个世界生应无欲，顺应自然，死去就是重归自然，一切都无可留恋。入世哲学认为：人高于自然万物，是万物的主宰，来到这个世界生必奋斗，追名逐利，死去是人生最大的痛苦，对生的奢欲留恋不舍。

　　人死去是一种自然运动形态的结束，宇宙间一切运动形态都遵从开始到消亡的运动规律，是宇宙内一切事物的必然。

　　人生活在受太阳力场影响的地球上，又被地球的引力严重约束。如果人从出生到80岁左右基本正常死亡，就会围绕太阳运动80圈左右，同时随地球自转3万圈左右，也就是人的生命运动80年左右，或3万天左右。人生何其短暂！每个人应为降生世间而庆幸，为能活着而珍惜，为好好活着而努力，为延长生命而自律，不要为死去而惊恐，更不能因为惊恐而加速死去。

　　生命代谢运动时间可以延长，但无法达到永远，因为决定生命运动时间长短的因素，人类无法全部控制。

第十五章　珍爱生命

生命运动的美好美于世间任何生命形态，在浩瀚而璀璨的宇宙里，人类生命的存在赋予了宇宙过去岁月神秘无比的梦幻，赋予了宇宙当前现实未知无限的深奥，赋予了宇宙未来岁月演进莫测的憧憬。人类生命自身已远远超出了生命的自然存在，重大意义在于生命进化带来的人类驾驭自然的巨大能量，在于人类智力推动社会文明进步的巨大力量。相对于每一个人而言，自身存在的意义就在于你为这能量和力量是否付出了努力，是否做出了贡献。

人生没有另一个世界，更没有平行的自己，不要为另一个世界的事苦恼，也不要为功名利禄所累，活好当下，为自己为家人为社会努力奋斗、尽力负责，平安走完一生。

人生美好平安万岁！生命生生不息万岁！